CHARAKTER UND UMWELT

VON

HERMANN HOFFMANN

A. O. PROFESSOR FÜR PSYCHIATRIE U. NEUROLOGIE
AN DER UNIVERSITÄT TÜBINGEN

BERLIN
VERLAG VON JULIUS SPRINGER
1928

ISBN-13: 978-3-642-89863-1   e-ISBN-13: 978-3-642-91720-2
DOI: 10.1007/978-3-642-91720-2

ALLE RECHTE, INSBESONDERE DAS DER ÜBERSETZUNG
IN FREMDE SPRACHEN, VORBEHALTEN.

COPYRIGHT 1928 BY JULIUS SPRINGER IN BERLIN.

Vorwort.

Eine Frage soll uns hier beschäftigen, die seit einigen Jahrzehnten die Gemüter stets von neuem wieder gefangengenommen hat. Es ist die ewige Alternative: hie Anlage — hie Umwelt; welche ist für die Entwickelung eines Menschen ausschlaggebend, welcher von beiden kommt die größere Bedeutung zu? Man hat in jüngster Zeit das Problem damit zu lösen versucht, sowohl die Anlagen- als auch die Milieutheorie, jede für sich als ausschließliches Erklärungsprinzip zu verurteilen. Man half sich aus dem Dilemma, indem man sagte, nur die Verbindung beider Theorien könne zum Ziele führen. So sehr ich mit dieser Wendung der ganzen Fragestellung übereinstimme, so hoffe ich das Problem, von einem nur wenig veränderten Standpunkt aus gesehen, in besonderem Sinne beleuchten zu können. Vielleicht gelingt es, mit dieser Betrachtung dem Kern der Frage näherzurücken und gewisse Streitpunkte auszulöschen. Dabei soll die Untersuchung zum andern auch der Vertiefung unserer Erkenntnis in der Charakterlehre dienen. Wie schon früher, möchte ich wiederum der Bedeutung einer trieb- und tendenzmäßig orientierten Charakterologie das Wort reden. Ohne sie werden wir niemals die Tiefe eines Charakters erfassen, ohne sie auch niemals dem Problem: „Charakter und Umwelt" in vollem Maße gerecht werden können.

Tübingen, im Juli 1928.

Der Verfasser.

Inhaltsverzeichnis.

Einleitung.

In den von OSWALD KROH herausgegebenen Untersuchungen zur Psychologie der optischen Wahrnehmungsvorgänge[1]) hat ROBERT SCHOLL (IV. Abschnitt) in etwa 18 Doppelfragen einen charakterologischen Untersuchungsbogen ausgearbeitet, der ganz besonders zur Gruppierung menschlicher Charaktere nach *schizothymen* und *zyklothymen* Typen geeignet ist. Auch für manche charakterologische Probleme in der Psychiatrie könnte dieser Fragebogen fruchtbare Verwendung finden.

Prüfen wir einzelne Fragen des sorgfältig ausgearbeiteten Fragebogens genauer.

Ich greife zunächst die *Frage 3* heraus: ,,Sind Sie fremden Menschen gegenüber mehr zurückhaltend, beobachtend, oder kommen Sie ihnen freundlich und optimistisch entgegen?"

Mancher, der diese Frage für sich beantworten möchte, könnte wohl im Zweifel sein, welcher Alternative er sich zuwenden soll. Nehmen wir z. B. den Fall an, daß er auf bestimmte fremde Menschen sich mehr zurückhaltend einstellt, während er anderen gegenüber sich freundlich und optimistisch verhält.

Eine andere, *Frage 16*: ,,Kommen Sie über Erlebnisse leicht hinweg oder klingen diese lange nach, so daß sie leicht komplexartig wirken?"

Endlich noch ein drittes Beispiel, *Frage 17*: ,,Sind Sie

---

[1]) Z. Psychol. Bd. 101, S. 310. 1927.

gegenüber einmal gesteckten Zielen konsequent, zäh, fana-
tisch . . . ?"

Auch bei den beiden letzten Fragen bereitet die Entscheidung nicht selten Schwierigkeiten. Kann ein Mensch
doch an manchen Erlebnissen sehr schwer tragen, sich über
andere dagegen leicht hinwegsetzen. Oder: nicht alle Ziele,
die wir uns setzen, vermögen wir zäh und konsequent zu
verfolgen.

In allen drei Fällen handelt es sich um Verschiedenheiten
der Einstellung, die der wechselnden Eigenart verschiedener
äußerer Umstände (Menschen, Situationen, Erlebnisse)
gegenüber eingenommen wird. Die Ursache für diese
wichtige Tatsache liegt einmal zweifellos in der *Umwelt*,
zum anderen aber in der *Persönlichkeit* begründet, die sich
mit dem Milieu in einer ihr eigentümlichen Weise aus-
einandersetzt. Verschiedene äußere Umstände werden bei
denselben Menschen verschiedene Reaktionen zur Folge
haben, ebenso wie gleichartige Erlebnisse bei verschiedenen
Menschen sich in ganz verschiedenem Sinne auswirken.

Diese Erkenntnis gibt uns auch eine verständliche Erklärung an die Hand für die zwar bekannte, aber in der
Regel zu wenig beachtete Tatsache, daß über die charakterliche Eigenart eines Menschen oft die widersprechendsten
Meinungen bestehen (s. L. KLAGES[1])). So weiß z. B. der
eine über einen Bekannten zu berichten, daß er ihn als
allzeit hilfsbereiten und gütigen Menschenfreund kennengelernt habe; der andere nennt ihn einen kleinlichen, eng-
herzigen Pedanten, der in erster Linie an sein eigenes Ich
denkt. Oder hören wir in einem andern Falle, daß die gleiche

---

[1] L. KLAGES: Zur Menschenkunde (1899); in: Zur Aus-
druckslehre und Charakterkunde. Niels Kampmann Verlag.
Heidelberg 1927.

Persönlichkeit von einer Seite als kühl, überlegen, leicht aggressiv und spottlustig, von der anderen als weichmütig, selbstunsicher und schwerblütig bezeichnet wird. In der Regel wird es so sein, daß diesen verschiedenen Urteilen über die Eigenart eines Menschen etwas Objektives zugrunde liegt, daß also jedes bis zu einem gewissen Grade zu Recht besteht. Betrachten wir uns einzelne Charaktere genauer, folgen wir ihnen in die verschiedensten Lebenskreise, beobachten wir sie in ihren Einstellungen zu den wechselnden Lebenssituationen und zu den mannigfach gearteten Mitmenschen, so werden wir ganz besonders bei differenzierten, kompliziert aufgebauten Persönlichkeiten die Erfahrung machen, daß sie veränderten Umweltsbedingungen entsprechend ein anderes Bild bieten. Greifen wir kurz einzelne bekannte Persönlichkeiten heraus. Von E. T. A. HOFFMANN wissen wir, daß er in seinen *privaten* Angelegenheiten eine genial liederliche Unordnung walten ließ. Er lebte leichtsinnig und verschwenderisch und überließ sich den wildesten Alkoholexzessen (diese Lebenseinstellung war ein Erbteil des Vaters). In amtlichen Dingen dagegen bewahrte er peinlichste Sorgfalt. Er war ein ausgezeichneter, bei den Behörden geschätzter Jurist, der alle Berufsarbeiten pünktlich und gewissenhaft ausführte. Trotz seiner Abneigung gegen diesen Beruf hat er in seiner Tätigkeit stets strenges Verantwortungsgefühl und fast pedantischen Ordnungssinn bewiesen, während diese (von der Mutter ererbten) Eigenschaften in seinem privaten Leben völlig ausgeschaltet waren. Ein anderes treffendes Beispiel ist der Vater Friedrichs des Großen, FRIEDRICH WILHELM I. von Preußen. In außenpolitischen Angelegenheiten äußerst ängstlich und tatenscheu, gebärdete er sich seiner Familie und seinen Untergebenen gegenüber als unerbittlicher und oft gefühls-

roher Despot, der sich hemmungslos seinem Machttrieb
überließ; dagegen sahen ihn seine Offiziere im Tabaks-
kollegium als gemütlichen, biderben „Saufkumpanen" von
einfacher, schlichter und unköniglicher Wesensart. Von
HEINRICH VON KLEIST[1]) heißt es, daß die einen ihn für kalt
und gleichgültig hielten, während andere ein finsteres, ver-
zehrendes Feuer in ihm ahnten. Bald konnte er in dumpfem,
brütendem Schweigen dahinträumen, bald durch seine
Schärfe und seinen Zynismus aufs Heftigste verletzen. Die
meisten gingen mit Gleichgültigkeit oder mit einem Gefühl
von Grauen und Peinlichkeit an ihm vorüber, andere, die
ihn kannten, liebten ihn mit Leidenschaft; ihnen offenbarte
er seine ganze dämonische Tiefe. DOSTOJEWSKI, erfüllt von
inbrünstiger, hingebender Liebe zu dem russischen Menschen, war sein Leben lang in finsterer, ja oft gehässiger
Abneigung gegen die Deutschen befangen, denen er „satte
Zufriedenheit" vorwarf; auch die übrigen Westeuropäer be-
trachtete er mit mürrischem Mißtrauen.

Die Wesensunterschiede der einzelnen Lebenskreise ebenso
wie die Verschiedenartigkeit der Mitmenschen fordern jeweils andere Einstellungen heraus, die uns erst die verschiedenen Seiten einer Persönlichkeit zu erkennen geben.
Umgekehrt könnten wir auch sagen, der Mensch stellt sich
von seinem Wesen aus aktiv zu der Fülle wechselnder Um-
welteinflüsse verschieden ein.

---

[1]) STEFAN ZWEIG: Der Kampf mit dem Dämon.

I. Die Einstellung zu den Mitmenschen.

Fassen wir zunächst die *Einstellung* zu den *Mitmenschen* ins Auge, die eine der *wichtigsten Beziehungen* des *Menschen* zur *Umwelt* darstellt, und fragen wir gleichzeitig nach ihren Ursachen. Warum stellt sich der Mensch zu seinen Mitmenschen verschieden ein? Warum sind ihm viele gleichgültig, warum haßt er die einen und liebt die andern? Wie kommt es zustande, daß er sympathische und unsympathische Menschen unterscheidet, und wie sind diese von ihm so gewerteten Menschen im einzelnen Falle geartet?

Diese Fragen führen uns tief in die Probleme der Charakterologie hinein und beleuchten das Wesen der Menschen in besonderem Sinne. Wenn wir über die Motive der positiven und negativen Gesinnungen eines Menschen zu seinen Mitmenschen Bescheid wissen, ist uns seine Eigenart in greifbare Nähe gerückt. Wir wollen versuchen, gewisse allgemeine Prinzipien herauszuarbeiten.

Zunächst einige Beispiele.

Der *unkomplizierte Durchschnittsmensch* mit seinem naiven, einfachen, natürlichen Wesen fühlt sich vielfach angezogen in erster Linie von Gleichgearteten; von solchen, die ihm keine beruflichen Schwierigkeiten bereiten, im persönlichen Verkehr sich freundlich, zuvorkommend und recht gemütlich geben, wie er selbst es zu tun gewohnt ist; die weder hochmütig sind noch allzu devot, weder besonders zivilisiert noch gewöhnlich, nicht extravagant, nicht auffallend leichtsinnig und unsolide. Menschen wie er sind nicht leicht verletzt, doch ist ihnen alles zuwider, was den Rahmen des Mittelmäßigen und Durchschnittlichen überragt. Alles Komplizierte, alles Schillernd-Psychopathische, alles Abnorme macht ihm Unbehagen. Er versteht es nicht, darum ist es ihm unheimlich; er fühlt sich ihm nicht gewachsen, weil es in seinem Wesen keine Resonanz findet. Ein unsicheres Gefühl der Bedrohung durch das „Fremde" bestimmt seine Abneigung. Sein Selbstgefühl rettet sich zur Verachtung.

Der *disharmonische Charakter*, ständig komplexgespannt und an sich leidend, hat häufig (keineswegs immer) eine andere Wertung. Er sieht in den Menschen mit in sich gefestigter, harmonischer Wesensart, die selbstverständlich und sicher ihren Weg gehen und ungehemmt durch innere Qualen ihr Ziel erreichen, einen ständigen Beweis für seine Unzulänglichkeit. Er haßt sie, denn im Kontrast zu ihnen muß seine Schwäche im grellsten Licht erscheinen. Er fühlt sich ihnen unterlegen, weil er sich nach ihrer Vitalität sehnt, die er, da sie ihm fehlt, doch wieder vor sich selbst entwerten muß. Seine Ablehnung wurzelt in dem Bewußtsein der eigenen Minderwertigkeit, die höchste Empfindsamkeit in sich birgt. Sympathisch dagegen wirken auf ihn die Gleichgearteten, die in ähnlicher Zerrissenheit ihr Dasein durchkämpfen, denen er sich verwandt fühlt, als Psychopath und als Vertreter einer höheren, weil gezeichneten, Menschengattung.

„*Gleich* und *gleich* gesellt sich gern", in diesem alten Sprichwort liegt eine tiefe Wahrheit. Doch ist dies keineswegs der Weisheit letzter Schluß. Kennen wir doch Fälle genug, in denen gerade die *Gegensätze* sich anziehen, in denen der Mensch gewissermaßen nach einer Ergänzung sucht. Dabei schließen wir zunächst noch die erotischen und sexuellen Beziehungen aus.

Der *zarte, selbstunsichere, schwerblütige Sensitive* fühlt sich nicht selten zum weniger komplizierten *lebenssicheren* und *humorvollen Realisten* hingezogen, der durch seine Art ihm Halt und Stütze bietet, der ihm wohltuende Erlösung bringt von seinen trüben Stimmungen. Sofern er, das müssen wir hinzusetzen, Takt genug besitzt, die verletzliche Komplexe nicht durch derbe Späße aufzurühren, sondern ihnen durch liebevolles Verstehen die Spannung zu nehmen. Die umgekehrte Beziehung hat vielfach darin ihre Wurzel, daß der äußerlich Führende in diesem Verhältnis ein Objekt sucht, dem er sich an Kraft überlegen fühlt. Es schmeichelt seiner Eitelkeit und tut gleichzeitig seinem Herzen wohl, einen Menschen zu haben, dem er imponieren und helfen kann.

Die *Gegensätzlichkeit* kann also nur dann zu einer Ergänzungsbeziehung führen, wenn beide in ihr eine nennenswerte Förderung erfahren, wenn zentrale Tendenzen beider Teile ihre Erfüllung finden. Das Sehnen der Partner muß, ich möchte sagen, in *komplementärer Relation* zueinander stehen. So sucht sich der selbstbewußt kraftvolle Mensch einen Gegenspieler, den er in seinem Machtbereich einreihen kann, dieser aber befriedigt sein Bedürfnis nach Anlehnung und Unterwerfung und erlebt gleichzeitig eine Erhöhung in dem Gefühl, der Freund des Mächtigen zu sein. So fühlt sich der Hyperästhet von dem natürlichen naiven und unkomplizierten Naturkind angezogen, wenn das Sehnen beider aneinander sich ergänzt; dem Bedürfnis nach ruhiger Ausgeglichenheit auf der einen entspricht der Wunsch einer verfeinerten, kultivierten Lebensart auf der anderen Seite. Die verschiedensten Gegensätzlichkeiten können in dieser Art zur komplementären Ergänzung drängen.

Doch, warum gehen sympathische Beziehungen einmal den Weg der charakterlichen *Gleichartigkeit*, während sie im anderen Falle eine *Ergänzung* suchen? Wir hatten bei unseren Beispielen von *Verletzung* bzw. *Bedrohung* und von *Förderung* des Gesinnungsträgers durch den Nebenmenschen gesprochen. In dem oben erwähnten Aufsatze versuchte KLAGES vor Jahren schon den Ursprung der unmittelbaren Neigungsgefühle aufzudecken. „Nicht seine Größe pflegt uns jemanden sympathisch zu machen, sondern dies, daß wir durch ihn größer werden." Er spricht von innerer Bereicherung und Vermehrung durch sympathische, andererseits von Wesensminderung bis zur vollkommenen Lähmung durch unsympathische Menschen. Dabei sei nicht die abschätzende Auffassung gewisser Charakterzüge des anderen Anlaß und Ursache unserer Neigungen, sondern eine unmittelbar in uns selbst vorgehende Veränderung. „*Das primäre und wesentliche Ergebnis ist die Freude oder das Mißvergnügen über eine Umwandlung, die wir selbst erfahren.*" Gleichgültige Menschen (d. h. solche, zu denen wir mehr indifferent eingestellt sind) würden bei uns eine innere Leere bewirken, so daß wir uns selbst belangloser vorkämen. Die Gegenwart derartiger „langweiliger" Menschen verkleinere zwar, doch ohne zu kränken.

Wir glauben heute noch ein wenig über KLAGES hinausgehen zu müssen, wenn wir die weitere Frage aufwerfen, welche *Trieb-* oder *Tendenzsituation* liegt der Wesensbereicherung bzw. -minderung zugrunde? Der Sinn einer sympathischen Beziehung ist, wie uns die Beispiele einer Ergänzung gezeigt haben, in der gegenseitigen Erfüllung zentraler Tendenzen (Strebungen, Bedürfnisse) gegeben. Umgekehrt würde die Behinderung einer derartigen Erfüllung durch die andern mit Gefühlen der Antipathie verbunden sein. Diese Formulierung scheint mir angemessener als die neuerdings von KLAGES vertretene Auffassung: daß das Ich jede Erweiterung seines *Machtbereiches* als erfreulich, jede Minderung als unerfreulich erlebe. Der Begriff „Machtbereich" ist mißverständlich, da im Menschen nicht nur Machttendenzen nach Erfüllung streben.

Die Kräfte der *Trennung*, die im gegenseitigen Verkehr der Menschen sich geltend machen, haben wir in den *egozentrischen Tendenzen* zu suchen (z. B. Selbstsucht, Eitelkeit, Geltungssucht, Ehrgeiz, Machttrieb, Kampftrieb). Sie bilden die Strebungen der Zersetzung in der sozialen Gemeinschaft, da sie nach Einengung, Beeinträchtigung oder gar nach Überwältigung der Nebenmenschen trachten.

In der Einstellung zu egozentrischen Menschen, sofern ihre Ichsucht (ungehemmt durch Tendenzen der Hingebung) ein übersteigertes Maß von Expansivität und Agressivität annimmt, stellen wir allgemeine, weit verbreitete Normen fest. Berechtigter Haß erfüllt z. B. die Gemeinschaft gegen die Menschen, die ihre Existenz bedrohen; in erster Linie gegen die gemeingefährlichen, unverbesserlichen Kriminellen, gegen Rohlinge und Raufbolde, in weiterem Sinne gegen alle, die sie an Gut, Ehre und Blut beeinträchtigen und aussaugen. Das Maß der Antipathie richtet sich nach dem Grad der Gefährlichkeit, aber auch nach der Intensität des Gemeinschaftswillen, der in der Gemeinschaft herrscht. Es braucht nicht betont zu werden, daß hierbei falsche Gerüchte und Meinungen ihre ungerechten Wirkungen zeitigen können. Notwendig ist und bleibt, daß der Gemeinschaft die soziale Feindseligkeit offenbar wird; dabei bleibt psychologisch irrelevant, ob diese wirklich besteht oder erfunden bzw. aufgebauscht ist. Umgekehrt werden alle die Menschen, die sich willig in die Gemeinschaft einfügen oder gar allgemeine lebenswichtige Interessen der Gemeinschaft befriedigen, sie unterstützen und fördern, sich allgemeiner Achtung und Liebe, ja Verehrung und Bewunderung erfreuen.

Dieses Prinzip der allgemeinen Beziehungsnormen wirkt sich in gleichem Maße, wenn auch psychologisch wesentlich komplizierter, in den Einzelbeziehungen aus.

Jede ausgesprochene Aggressivität muß mehr oder weniger verletzen, selbst oft schon in den leichteren Schattierungen wie Aufdringlichkeit, Besserwissen, Ironie, „sich aufs hohe Roß setzen", Korrigieren, Moralisieren usw. Nur gefügige und besonders zur Unterordnung, Hingabe und Verehrung neigende Naturen werden an selbstsüchtigen Naturen ihre Erfüllung finden. Von ihnen werden derartige Menschen dementsprechend auch anders bewertet, als von denen, die nach ihrer Eigenart eine Icheinengung oder Ichbedrohung durch die ihnen entgegentretende gesteigerte Selbstbehauptung der anderen ablehnen. Hier steht Selbstbehauptung gegen Selbstbehauptung, und eine harmonische Beziehung kann schwer aufkommen, falls nicht auf Grund bestimmter, sonst noch gegebener Möglichkeiten einer gegenseitigen Tendenzerfüllung gewisse „Konzessionen" gemacht werden können.

Tendenzen der *Selbstbehauptung* und *Ichsucht* sind allen Menschen eigen, wenn auch in sehr verschiedener Ausprägung nach Qualität und Intensität. Diesen Triebkräften der *gegenseitigen Trennung* stehen die *verbindenden Sympathiegefühle* gegenüber (ebenfalls allgemein menschlich und sehr verschieden in ihrer Modalität), die in den sogenannten Hingebungstendenzen (Einordnung, Unterordnung, Hingabe, Verehrung, Bewunderung) wurzeln. Wir wollen nunmehr untersuchen, wie bei den *Gesinnungsträgern selbst ich-*

süchtige Regungen die *Entwicklung* von *Sympathiegefühlen leiten* bzw. *beeinflussen.* Die Lösung dieser Frage kann nur gelingen, wenn wir die Menschen in ihrem Charakteraufbau weitgehend durchschauen.

Wenn innerlich gebildete, in der Selbstanalyse geübte Menschen sich einmal freimütig und offen über ihre Gesinnungen aussprechen, so werden sie, obwohl ihnen die psychologische Tatsache an sich im Grunde geläufig ist, stets wieder darüber erstaunt sein, wie sehr sie sich von andern in ihren Gefühlsbeziehungen zu den Mitmenschen unterscheiden. Häufig findet man dann für die Gesinnungen eines andern, den man einigermaßen zu kennen glaubt, keine zureichende Erklärung. So tief führen diese Fragen in die ureigenste Wesensart des Menschen hinein, daß man nicht selten überrascht ist über die Abweichung der Gesinnungen eines Bekannten von dem Persönlichkeitsbild, das man im Laufe der Zeit von ihm gewonnen hat. Gute Selbstanalysen wird man in unserer Frage nicht entbehren können. Es ist aber zu bedenken, daß die Motive der Gesinnungen auch für die Träger selbst oft ungeheuer schwer zu fassen sind; nicht zuletzt deswegen, weil man sich den Ursprung seiner Gesinnungen vielfach nur ungern eingesteht. Es gehört ein hohes Maß von Selbstkritik dazu, den wahren Kern jeweils unverhüllt herauszuschälen.

Zunächst gedenken wir der meistens oberflächlichen affektiven Beziehung zu sogenannten „gleichgültigen" Menschen. Wir haben nichts von ihnen, sie sagen uns nichts, sie sind für uns mehr oder weniger belanglos. KLAGES spricht davon, daß das Zusammensein mit ihnen bei uns eine „Leere" hinterläßt. Sie erfüllen uns nicht. Unsere Interessen und Bedürfnisse, welcher Art sie auch sein mögen, werden durch sie nicht gefördert. Die Indifferenz ist in der Regel sogar leicht im Sinne der Ablehnung getönt, ohne daß daraus tiefere Konflikte sich ergeben würden. Es lohnt nicht der Mühe, daß wir uns auf sie einstellen. Sie stören uns in der anderweitigen Erfüllung unserer Strebungen. Sei es nun, daß ihr Persönlichkeitsniveau uns minderwertig erscheint, sei es, daß ihre Dummheit, Lahmheit oder Interesselosigkeit uns „auf die Nerven fällt". Das Eigeninteresse verbietet es, sich mit solchen Menschen einzulassen, die uns nichts bedeuten, da sie ihrer Art nach uns nichts geben können. Sie wirken in der Regel wie ein störender Fremdkörper in unserem Gesichtskreis, dessen Eingliederung uns unnötige Kraft kostet. Eine (mehr oder weniger) positive Einstellung ist nur dann möglich, wenn sie in irgendeiner Beziehung als Objekte eines Hingebungsbedürfnisses in Frage kommen können; denken wir z. B. an den Fall, daß eine Mutter sich in besonderem Maße für ihr schwachsinniges Kind aufopfert.

Viel tiefer als diese indifferenten Beziehungen sind andere Gesinnungen in unserem Ich verwurzelt, da in ihnen *lebenswichtige*, d. h. *zentrale Strebungen* aufgerührt sind. Wir wollen einzelne Beispiele aus der Fülle von Möglichkeiten herausgreifen.

Menschen, die sich ohne tieferen Grund leicht verletzt fühlen und dadurch im Auswirkungsbereich sympathischer Regungen sehr erheblich eingeengt sind, nennen wir empfindlich. Diese Empfindlichkeit wurzelt durchweg in den sogenannten *Minderwertigkeitskomplexen* (ADLER), die ihrer Natur nach für die Gesinnungsbildung von ausschlaggebender Bedeutung sind. Ein lebhafter *Geltungsdrang* verbunden mit narzistischen Regungen der Eigenliebe treibt die Unzufriedenheit mit dem eigenen Ich, seinen Fehlern und Mängeln, empor, wenn außerdem noch die Einstellung einer auf überstrenge Selbstprüfung gerichteten Ichverkleinerung gegeben ist. Häufig erscheinen dann die Eigenschaften, die der Selbstmißbilligung bzw. dem Selbsthaß verfallen sind, riesenhafter als dies der Wirklichkeit entsprechen müßte. Der Betreffende macht ehrliche Anstrengungen, die Defekte in oft erbittertem Kampfe auszugleichen und zu überwinden *(Kompensation)*. Es erwächst in ihm eine tiefe Sehnsucht nach dem, was er nicht hat oder nur unvollkommen besitzt (alle spielend greifbaren Ziele bieten keinen Reiz; man möchte gerade da glänzen, wo es nur hart gelingt). So kommt die *Komplexgespanntheit* der *geltungssüchtigen, insuffizienzbeladenen Psychopathen* zustande. Mit ständig neiderfüllten Blicken sehen sie auf die Mitmenschen, denen die Natur Anlagen mitgegeben hat, die sie selbst in mühsamem Ringen sich zu erwerben trachten. Der selbstverständliche Besitz bei anderen ist für sie ein ständiger Stein des Anstoßes, dem sie mit schroffer Ablehnung gegenübertreten. Ohne daß andere ihnen in der Rolle eines faktischen Widerstandes entgegentreten, kann deren bloßes Dasein schon genügen, um das Gefühl der Hemmung bzw. Bedrohung auszulösen. So muß der Disharmonische, wie wir in einem Beispiel oben gesehen hatten, die ausgeglichenen Charaktere ablehnen. In ähnlicher Weise steht oft der Impulsive den Gemessenen, Beherrschten antipathisch gegenüber, ferner der Hölzern-Schwerfällige den gewandten Formalisten, der Willensschwache den Energischen, der Ängstlich-Feige den Kampfesmutigen und der Häßlich-Entstellte den Wohlgebildeten. Die jeweiligen „Gegner" verletzen durch ihre Eigenart den gespannten Geltungsdrang der betreffenden Gesinnungsträger. Gelegentlich liegt die Situation der Minderwertigkeitskomplexe derart, daß die Defekte aus bestimmten Gründen zum Prinzip

erhoben werden, indem man aus der Not eine Tugend macht.
So ist es z. B. beim Typus des strengen Moralisten, der nicht
selten aus gewissen Mängeln der Vitalität seine übersteigerte moralische Norm herleitet. Oder auch bei dem milde
und großzügig erscheinenden Prinzipiengegner, der infolge
seiner mangelnden Bestimmtheit und Stetigkeit die Kraft
einer bündigen Stellungnahme nur schwer aufbringen kann.
Der erste dieser beiden wird sich niemals mit dem genuß-
freudigen leichtlebigen Sinnenmenschen verstehen können[1]),
der zweite wird sich von den Gesinnungstüchtigen unan-
genehm berührt fühlen[2]).

Stets sind bestimmte innere Konflikte die Ursache der
Empfindlichkeit. Und Sympathiegefühle können sich bei
derartigen Menschen nur entwickeln, sofern die Wesensart
der anderen diesen Konflikt schont und dadurch die Erfüllung wichtiger Tendenzen im Sinne der persönlichen Geltung ungehindert bleibt. Je mehr die anderen dieser
Erfüllung entgegenkommen, desto leichter werden sich
sympathische Beziehungen anbahnen können, wenn nicht
aus anderer Quelle irgendwelche Störungen sich einstellen.
Mangelnde Erfüllung jedoch wird in den meisten Fällen selbst-
erhöhende Verachtung des „Nebenbuhlers" zur Folge haben.

Der *Urgrund* der *Gesinnungen* liegt in der *Wesensart* des
Gesinnungsträgers, dessen Tendenzen an der Umwelt ihre
Gesinnungen bilden. Es ist eine Wechselbeziehung zwischen
Gesinnungsträger und Umwelt, wobei selbstverständlich
die Eigenart der letzteren auch wesentlich mit ins Gewicht
fällt. Neben dem persönlichen Wesen der anderen spielt

---

[1]) Umgekehrt wird der Sinnenmensch den Moralisten im
Sinne der Einengung·empfinden können.

[2]) Auch der Gesinnungstüchtige schätzt den Prinzipienfreien
nicht, da er durch ihn keine Unterstützung findet.

z. B. eine gewichtige Rolle, in welcher Position die Nebenmenschen gegeben sind. Derselbe andere kann einmal den
Geltungssüchtigen reizen, wenn er eine Art soziale Kon-
kurrenzstellung einnimmt, dagegen ihm durchaus sympathisch sein, sobald sein Ehrgeiz auf anderen Gebieten (oder
auch an einem anderen Orte; Distanz bzw. Notwendigkeit
des näheren Verkehrs) sich betätigt. Weiterhin ist keineswegs gleichgültig, ob ein Mensch dem Geltungssüchtigen als
übergeordnet, gleichgestellt oder in untergeordneter Position gegeben ist. Die tatsächliche oder vermeintliche Überlegenheit eines Vorgesetzten wird im allgemeinen weniger
stören als die eines Gleichgestellten oder gar Untergebenen.
Dieselben ordnungsmäßigen Verschiedenheiten können sich
in der Beziehung zum Älteren, Gleichalterigen bzw. Jün-
geren auswirken; ferner auch in der sozialen Schichtung
der Gesellschaft.

Etwas anders wird die Situation, wenn der Gesinnungsträger von lebhaften *Machtbedürfnissen* beherrscht ist. Für
solche Menschen kann es unter Umständen lebensnot-
wendig sein, alle irgendwie Übergeordneten ohne Unterschied ablehnen, ja hassen zu müssen, da schon jede ge-
ringste ihnen auferzwungene Beeinträchtigung der Be-
wegungsfreiheit als unerträgliche Last empfunden wird.
Ihnen liegt weniger daran, nur etwas zu gelten, vielmehr
brauchen sie die Überlegenheit der persönlichen Macht-
stellung, um sich, d. h. ihr Wesen ausleben zu können.
Der Haß ist hier nichts anderes als der Ausfluß einer mangel-
haften Erfüllung des Machttriebes, der nur dann befriedigt
ist, wenn die Nebenmenschen dem eigenen Machtbereich
sich einfügen. Die Gehässigkeit wird nach außen hin um
so unverhüllter hervortreten, je größer der Kampftrieb ist.
In ähnlicher Weise finden *Eitle, Ehrsüchtige* am ehe-

sten ihre Erfüllung an Menschen, die sich ihnen unterordnen und in Verehrung zu ihnen aufschauen. Eine bestimmte Form der Eitelkeit wird sich besonders durch Schmeichelei und Liebedienerei der andern beglückt fühlen. In weiterem Sinne gehört zum Komplex der Eitelkeit ganz allgemein das Bedürfnis, in der Beziehung zu anderen auf Selbsterhöhung bedacht zu sein. Darin wurzelt einmal die Abwehr von allem, das als niedrig und gering einzuschätzen ist. Die Betreffenden genieren sich, mit solchen Menschen zu verkehren, mit denen sie sich (vor sich selbst und anderen) nicht „sehen lassen" mögen. Umgekehrt drängt es den, der etwas auf sich und auf die Meinung anderer hält, zum Anschluß an Menschen, die ihm nach Gesellschaft, Bildung und Niveau zum mindesten gleichgeartet sind.

Nach alle dem können wir etwa sagen: *Alle Menschen*, die ihrer Art nach mit einer gewissen ängstlichen Vorsicht ständig auf die *Erfüllung selbstsüchtiger Regungen* bedacht sein müssen, sind in der *Entwicklung sympathischer Regungen* außerordentlich *behindert*, da sie sich allzu leicht beengt und bedroht fühlen. Je *gefestigter* das *Selbstgefühl*, desto *geringer* die *persönliche Empfindlichkeit*, desto *weiter* reicht auch die *Möglichkeit sympathischer Gesinnungen* (falls diese überhaupt gegeben sind). Die Menschen, die von einem überwiegenden Bedürfnis im Sinne der Extraversion (JUNG) getragen sind (ein gewisser Typus der Zyklothymen gehört vor allem zu ihnen), werden den Umkreis sympathischer Neigungen am weitesten ziehen können. Sie fühlen sich von allem, was die Umwelt bietet, angeregt und erleben fast durchweg schon allein in dem unmittelbaren Kontakt mit ihr eine Wesensbereicherung. Störungen auf der Basis der Empfindlichkeit spielen bei ihnen keine nennenswerte Rolle, sofern sich nicht dem Extraversionsbedürfnis mangelndes Entgegenkommen in den Weg stellt. Desgleichen finden wir bei den allerdings weit selteneren Typen, die von der Einstellung selbstloser Hingabe und Aufopferung (bzw. Unterwerfung) getragen sind, eine besondere Eignung für sympathische Gesinnungen.

Weitere Komplikationen in der Gesinnungsbildung sind dadurch gegeben, daß es für unsere Bewertung eines anderen vielfach irrelevant ist, ob er *uns selbst* in positivem (förderndem) oder negativem (hemmendem) Sinne gegenübergetreten ist. Auch *dann* werden z. B. rücksichtslose, egozentrische, allzu expansive Menschen abgelehnt, wenn der betreffende Beurteiler in keinerlei nähere Beziehung zu ihnen getreten ist. Es ist von einem Menschen bekannt, daß er grundlos seine Frau und seine Kinder brutal behandelt. Das genügt, um ihn als „gemeinen" Charakter zu verurteilen, obwohl die Träger dieser negativen Gesinnung keinerlei Unbill durch seine Brutalität erlitten haben. Oder: die Fachgenossen eines Mannes wissen, daß dieser in der Ausübung seiner Tätigkeit sich zweifelhafter und unwürdiger Mittel bedient und durch sein Verhalten Mitmenschen geschädigt hat, die seiner Berufsautorität ausgeliefert waren. Der Betreffende wird als minderwertiger Charakter eingeschätzt werden von allen, die rechtlich denken, insbesondere von den eigenen Fachgenossen, obwohl er sich gegen sie selbst persönlich nicht vergangen hat. Die psychologische Grundlage der Ablehnung von Schädlingen, die uns selbst nicht beeinträchtigen, ist vor allem durch den Akt der *Identifizierung* gegeben. Einmal fühlen wir uns ein in das geschädigte Objekt und stellen uns innerlich gegen den Schädigenden, wie wenn er uns selbst Schaden zugefügt hätte. Zum anderen aber identifizieren wir uns auch mit dem Schädling und verdammen ihn vom

Standpunkt unserer moralischen Selbstachtung aus, die er, als Glied einer Berufsgruppe oder der menschlichen Gemeinschaft überhaupt, aufs *schwerste* verletzt hat. So fühlen wir uns durch ihn zwar nur indirekt getroffen, der Haß aber kann um so größer sein. Wir empfinden gewissermaßen mit der Gemeinschaft, die derartige Vertreter aus ihrer Mitte verbannen sollte. Weniger hart werden z. B. *die* Menschen über ein derartiges Verhalten denken, die sich zu Ähnlichem fähig fühlen und durch moralische Wertungen nicht wesentlich „behindert" sind. Andererseits werden auch *solche* sich vielfach eines milden Urteils befleißigen, die allen menschlichen Tatsächlichkeiten gegenüber einen abgeklärten, distanzierten Standpunkt psychologischen Verstehens einnehmen.

Engste Beziehungen bestehen zwischen *Selbstachtung* und *Idealbildung*. Wer Ideale verletzt, verletzt gewissermaßen auch die Selbstachtung der Menschen. Das, was ein Mensch von sich verlangt, möchte er bei anderen nur ungern missen. Pflicht und Verantwortung sich selbst und der Gemeinschaft gegenüber, oft hart und mühsam erkämpft, sind unduldsam gegen Übertretungen; nicht nur bei sich, sondern auch bei anderen. Je mehr der Betreffende von der Richtigkeit und Bedeutung seiner Anschauungen und Meinungen überzeugt ist, desto mehr wird er sich innerlich oder gar nach außen sichtbar über die anders Gesinnten erheben. Nur die Versagenden und Verzagenden drücken ein Auge zu. Straffe Selbstdisziplin, auf welche Ziele sie auch gerichtet sein mag (Ideale der Lebensführung, des moralischen und ästhetischen Verhaltens, der Bildung und Leistung), verlangt auch von anderen äußerste Kraftanspannung. Nur dadurch läßt sie sich imponieren, während sie „Charakterlosigkeit", Mangel an Selbstgestaltung überhaupt, mit Verachtung straft. Wer den Idealen eines Menschen entspricht, dem wird er in der Regel Achtung und Freundschaft nicht versagen. Er schätzt in dem anderen gleichsam sich selbst. Sobald ein Mensch mit seinen Idealen in hartem Kampfe liegt und ihren Anforderungen nur halb gewachsen ist, wird er alle anderen sehnsüchtig beneiden, die mehr vermögen als er. Ob dieser Neid zu feindseliger Abneigung bzw. zu Mißtrauen sich auswächst, das wird einmal von der Spannung zwischen Idealbild und Versagen abhängig sein, zum anderen aber von der „Anständigkeit" seiner Gesinnungen. Je mehr sich ein Mensch bemüht, aus Gründen der Achtung vor sich und anderen derartige negative Regungen gegen andere zu bekämpfen, desto weniger wird er zu schroffer Aggressivität geneigt sein. Er leidet zwar unter den feindseligen Regungen, wird sie aber bis zum höchsten ihm möglichem Maße disziplinieren und bestrebt sein, dem anderen Gerechtigkeit widerfahren zu lassen. Er läßt die Eigenart des anderen gelten, wenn auch oft unter herber Selbstüberwindung, da er trotz aller Eigensucht zu Sympathiegefühlen fähig ist. Und darum wird er wiederum der Sympathie der anderen sich erfreuen dürfen, falls diesen an Hinwendung von seiten der Mitmenschen etwas gelegen ist.

Fassen wir zusammen: *Negative* Gesinnungen sehen wir jeweils bei einem Menschen *dann* auftreten, wenn er sich in seinem Selbst von den Menschen bedroht fühlt, wenn also lebenswichtige (zentrale) Tendenzen nicht nur keine Erfüllung finden bei den anderen, vielmehr durch Existenz und Verhaltensweise der anderen in ihrer Befriedigung behindert scheinen. Umgekehrt treten eindeutig *positive* Bindungen nur dann auf, wenn in der Beziehung zum Nebenmenschen lebenswichtige Strebungen der Persönlichkeit bejaht werden. Je nach der Eigenart der

Struktur des Gesinnungsträgers mag dies einmal in der Ergänzung, zum anderen in der Gleichartung gegeben sein. Ja es können die sympathischen Beziehungen zu verschiedenen Menschen auf ganz verschiedenem Grunde ruhen. Eine Tendenz kann bei dem einen, eine andere bei dem anderen Freunde in Erfüllung treten. Notwendig ist und bleibt dabei, daß lebenswichtige Strebungen durch die Beziehung nicht gestört werden; sonst wird die Freundschaft entweder eine getrübte sein, oder gar völlige Ablehnung sich Bahn brechen müssen.

Wir haben bisher nur die Möglichkeiten ins Auge gefaßt, bei denen es zu *eindeutigen* Gesinnungen der Abneigung und Zuneigung kommt. In Wirklichkeit gestalten sich die menschlichen Beziehungen noch wesentlich verwickelter dadurch, daß die Gesinnungen zu ein- und demselben Menschen *keineswegs* immer ein *gleichsinniges* Verhalten zeigen. Entweder so, daß ein Mensch, der bisher bei oberflächlichem Kennenlernen sympathisch erschien, nach näherem Eindringen in seine Persönlichkeit vorwiegend abstoßend wirkt bzw. umgekehrt *(korrigierte Einstellung)*. Oder so, daß ein und derselbe Charakter bald negativ, bald positiv gewertet wird *(wechselnde Einstellung)*. Endlich so, daß gewisse Eigentümlichkeiten eines Menschen uns anziehen, andere dagegen unsere Antipathie herausfordern *(zwiespältige Einstellung)*.

Der erste Fall der *korrigierten Einstellung* kommt dadurch zustande, daß man häufig bei eingehender Erfassung der Persönlichkeit eines anderen (d. h. wenn man ihn zu verschiedenen Zeiten und in verschiedenen Lebenssituationen gesehen hat) ein anderes Bild bekommt, wie wenn man seine Eigenart nur vorübergehend auf sich wirken lassen konnte. Oft enthüllen sich dann Seiten, die den oberflächlichen Eindruck stören oder gar völlig beiseite schieben; mag dies in negativem oder positivem Sinne der Fall sein. So kann z. B. ein Mensch, der im gesellschaftlichen Leben als großzügig, liebenswürdig und charmant gilt, im näheren Verkehr mürrisch, kleinlich und pedantisch erscheinen. In der Gesellschaft gewinnt er die Sympathie der anderen, im Alltagsgewande, wenn man ihm näher tritt, ist wenig Anziehendes an ihm zu entdecken. Auch der umgekehrte Fall ist nicht selten. Es gibt Menschen, die im oberflächlichen Verkehr still, sonderbar und zugeknöpft und dadurch ablehnend wirken, während sie bei näherer Bekanntschaft wertvolle menschliche Qualitäten erkennen lassen. Die Einstellung der anderen zu ihnen wird sich vielfach wandeln, wenn man von dem oberflächlichen Bild zu einer tiefen Beziehung durchdringt. Die erste oberflächliche Teilerfassung ihrer Eigenart kann gewisse Strebungen bei den anderen verletzen, während später dann eine um so wertvollere Erfüllung anderer Tendenzen dafür eintritt und über die Ablehnung hinwegsehen läßt bzw. umgekehrt.

Im zweiten Falle der *wechselnden Einstellung* kommt eine Trübung der positiven Gesinnung dadurch zustande, daß ein und derselbe Mensch wechselnden Stimmungen und Einstellungen und somit auch wechselnden Bedürfnissen unterworfen ist. Während man heute von dem Wesen des anderen angenehm berührt wird, kann er einem morgen auf die „Nerven fallen". Man fühlt sich dann nur zeitweise von bestimmten Eigentümlichkeiten des anderen gestört, über die man im allgemeinen hinwegsehen kann. Ist man jedoch vorübergehend von irgendwelchen Konflikten beherrscht und steigert sich damit auch die Empfindlichkeit gegenüber der Außenwelt, so nimmt man an *dem* Anstoß, was sonst in Freundschaft zugedeckt wird.

Auch der umgekehrte Fall ist möglich, daß ein Mensch in bestimmten seelischen Situationen sich zu der Eigenart eines anderen hingezogen fühlt, die ihm für gewöhnlich nicht liegt. Weiterhin ist zu bedenken, daß nicht nur der Gesinnungsträger, sondern auch das Objekt seiner Gesinnung keineswegs immer von denselben Tendenzen beherrscht ist und infolgedessen zu verschiedenen Zeiten und in verschiedenen Situationen ein anderes Bild bieten kann. Auch dieser Umstand kann zu Trübungen der Gesinnungen und wechselnden Einstellungen führen. Bald finden die Tendenzen des Gesinnungsträgers in diesen Fällen die ihnen entsprechende Erfüllung und Bejahung, bald fühlt sich das Ich in seinen Strebungen eingeengt oder bedroht; wechselnd nach dem momentan psychischen Zustande des Gesinnungsträgers und des anderen, zu dem er sich einstellt.

Davon zu unterscheiden hätten wir noch den dritten Fall der *zwiespältigen Einstellung*, bei dem man z. B. von den intellektuellen Leistungen eines Menschen begeistert ist, während gewisse charakterliche Eigentümlichkeiten aufs äußerste verwerflich erscheinen müssen. Es kann dann wohl eine Verehrung des imponierenden geistigen Formats resultieren, ja man mag sich berauschen an seiner Größe und doch wird daneben die charakterliche Eigenart verletzend wirken können. Von dieser Zwiespältigkeit der Gesinnung wäre dann noch die vor allem bei pathologischen Charakteren vorkommende *Ambivalenz* zu unterscheiden (s. O. KANT)[1]; eine Einstellung, in der sowohl Hinwendung als auch Ablehnung (gerichtet auf eine bestimmte Eigenart des anderen) in eigentümlicher Mischung gegeben ist. So pflegt z. B. der irgendwie insuffiziente geltungssüchtige Mensch gegen-

---

[1] O. KANT: Zum Verständnis des schizophrenen Beeinflussungsgefühls. Z. Neur. Bd. 111, S. 417. 1927.

über gewalttätigen Herrschernaturen, die seinen Ehrgeiz verletzen, eine solche ambivalente Einstellung zu entwickeln. Einerseits fühlt er sich von ihrer imponierenden Herrschergestalt überwältigt und muß sich ihnen unter Anerkennung ihrer Überlegenheit unterordnen; er fühlt sich zu ihnen hingezogen und kann ihnen nicht entrinnen. Andererseits aber wehrt sich sein Selbstbewußtsein gegen dieses Gefühl der Hörigkeit und treibt ihn zu gehässiger Verachtung. Beide Strebungen fließen in dem Mischgefühl der Ambivalenz zusammen.

Endlich haben wir noch der wichtigen Tatsache zu gedenken, die wir im täglichen Leben so oft beobachten können, daß Menschen sich in ihren *Gesinnungen* durch *andere leiten lassen*. Sie bilden ihre Sympathien und Antipathien nicht immer so, wie es ihrem eigenen Wesen entspricht. Vielmehr ordnen sie ihre positiven und negativen Einstellungen einem gewissen „Muß" unter, das ihnen von anderer Seite „aufgezwungen" ist. Sie fügen sich der Wesensart eines Vorbildes, unterwerfen sich seiner Macht und entwickeln ihre persönlichen Wertungen in der Identifikation mit ihm, d. h. so, wie er fühlen und empfinden würde. Wenn auch dieses „Rücksichtnehmen" nicht immer in krasser Form wirksam ist, so ist es doch häufig als ein leichtes Schielen nach der Gunst des Vorbildes gegeben und übt eine gewisse Oberaufsicht über die Gesinnungen aus. Wiederum ist hier nicht etwa die Gewalt des Vorbildes ausschlaggebend, sondern das mehr weniger bedingungslose Sichfügen des Gesinnungsträgers, das an dem Wesen des anderen seine Erfüllung findet. So geht auch diese, man könnte sagen, „*Unselbständigkeit*" der Gesinnung auf bestimmte Strebungen des Trägers zurück.

Bewußt sind von uns die verschiedenen *Nuancen* der

Gefühlsbeziehungen zu den Mitmenschen vernachlässigt worden (Liebe — Haß, Freundlichkeit — Feindlichkeit, Zuneigung — Abneigung, Gunst — Ungunst, Wohlwollen — Übelwollen; s. A. PFÄNDER[1])). Sie entstehen dadurch, daß jeweils wieder verschiedene Tendenzen bzw. Tendenzkomplexe verschiedene Arten von Gesinnungen emportreiben. In den verschiedenen Färbungen der Gesinnungen werden verschiedene Strebungen oder auch verschiedene Strebungsbündel erfüllt bzw. gehemmt und verletzt, die jeweils wieder strukturell verschieden aufgebaut sein können. Je *zentraler* diese Strebungen gelagert sind, desto tiefer und inniger müssen sich die positiven, desto mächtiger und gewaltiger die negativen Gesinnungen gestalten.

Eine besondere Färbung der menschlichen Beziehungen kommt durch das Mitklingen *erotischer* und *sexueller* Triebkomponenten zustande. Sie können bei allen möglichen Gefühlsbeziehungen mit einfließen, die deswegen keineswegs ohne weiteres als eigentliche Bindungen der Liebe anzusehen sind. Wir wollen uns mit ihnen nicht eingehender befassen, vielmehr nur noch die Tatsachen der ausgesprochen erotisch-sexuellen Anziehung betrachten.

KRETSCHMER[2]) hat darauf hingewiesen, daß unter sogenannten gesunden Menschen ganz allgemein die Ehen zwischen kontrastierenden Typen häufiger sind als „gleichförmige" Ehen. Je extremer und einseitiger die Temperamente sind, desto stärker bevorzugen sie die Kontrastehe. Gleichförmige Ehen finden sich vor allem bei ausgeglichenen

---

[1]) A. PFÄNDER: Zur Psychologie der Gesinnungen. Jb. Philosophie u. phänomenolog. Forschgn. Bd. I u. III. 1913 u. 1916.

[2]) E. KRETSCHMER: Die körperlich-seelische Zusammenstimmung in der Ehe. Das Ehebuch, herausgegeben von Graf HERMANN KEYSERLING. 1925.

syntonen Temperamenten. Diese statistisch gewonnenen und daher besonders wichtigen Ergebnisse betreffen vor allem die gegenseitige Anziehung der konträren KRETSCHMERschen Typen der Zyklothymiker und Schizothymiker.

Ein anderes Anziehungsgesetz hat WEININGER[1]) aufgestellt, das vor allem die Geschlechtstypenkonstitution sexueller Partner betrifft. Es geht aus von der sicherlich in weitgehendem Maße zutreffenden Behauptung, daß bei den Männern häufig irgendwelche feminine Einschläge, bei den Frauen virile Züge zu entdecken seien. Einmal im körperlichen Habitus (extreme Formen): magere, muskelkräftige Weiber mit scharfen strengen Gesichtszügen, Bartentwicklung, tiefer Stimme, flachen Brüsten und schmalen männlichen Becken; Männer mit rundlichen weichen Gesichtsformen, mit Taille, weiblichen Becken und Brüsten, mit fehlendem oder spärlichem Bartwuchs. Zum anderen auch in psychischer Hinsicht: energische, willenskräftige Frauen mit oft selbständiger klarer Urteilsbildung, eingestellt auf Objektivität und Sachlichkeit, frei von Regungen echt weiblicher Eitelkeit, ja oft geschmacklos in der Vernachlässigung ihres Äußeren; Männer, die sich durch Unsachlichkeit, Mangel an Objektivität und Vorherrschen der Emotionalität, durch Beeinflußbarkeit und Suggestibilität, durch Eitelkeit und narzistisches Pflegen des eigenen Körpers auszeichnen. Derartige intersexuelle Typen, bei denen neben den Eigentümlichkeiten ihres eigentlichen Geschlechtstypus auch noch Stigmen des anderen Geschlechts ausgeprägt sind, ziehen sich gegenseitig an. Feminine Männer suchen sich Frauen mit virilen Einschlägen bzw. umgekehrt. Je größer die fremdgeschlechtlichen Einschläge auf der männlichen

---

[1]) O. WEININGER: Geschlecht u. Charakter. 25. Auflage. Wien und Leipzig: W. Braumüller 1924.

Seite, desto größer müssen sie auch auf seiten des weiblichen Partners sein, damit eine maximale sexuelle Attraktion statthaben kann. — Zweifellos trifft dieses „Anziehungsgesetz" im Kern das Richtige, wenn auch zur Kritik gesagt werden muß, daß man sehr häufig mit den Begriffen der femininen und virilen Einschläge etwas unvorsichtig umzugehen pflegt. KRETSCHMER hat bei seinen Untersuchungen die gegenseitige Anziehung derartiger intersexueller Kontrasttypen in einem erheblichen Prozentsatz bestätigen können. Das Pendant hierzu können wir ebenfalls häufig genug beobachten, daß ein „echtes" Weib feminine Männer ablehnt, ebenso der „Voll-Mann" sich von virilen Frauen abgestoßen fühlt.

APFELBACH[1]) formuliert in einem besonderen sexuellen Anziehungsgesetz die allbekannte Tatsache, daß energische, willensstarke, mutige, unternehmende und kampfesfreudige Naturen sich Ehepartnern zuwenden, deren Eigenart durch Energielosigkeit, Willensschwäche, Nachgiebigkeit, Gutmütigkeit und Furchtsamkeit charakterisiert ist. Sthenisches Wesen des einen Partners drängt nach einem hyposthenischen Gegenspieler, ohne daß hierbei etwas über die notwendige Zugehörigkeit dieser Eigenschaften zu einem bestimmten Geschlechtstypus gesagt sein soll. Es bestehen allerdings, wie KRETSCHMER mit Recht betont, gewisse Häufigkeitsbeziehungen zwischen sthenischer Eigenart und männlichem, ebenso zwischen Hyposthenie und weiblichem Geschlechtstypus; derart, daß wir sthenisches Wesen bei Frauen nach dem üblichen Sprachgebrauch im Sinne viriler Einschläge deuten (bzw. umgekehrt), obwohl diese Beziehung durchaus nicht immer zutreffen muß. Nicht selten

---

1) H. APFELBACH: Der Aufbau des Charakters. Leipzig und Wien: W. Braumüller 1924.

finden wir in diesen Fällen konträr-geschlechtliche Stigmen auf körperlichem Gebiete.

Neben all diesen Ergänzungsbeziehungen zwischen Kontrasttypen hat zweifellos auch die Gleichartigkeit der sexuellen Partner eine gewisse Bedeutung. So können z. B. Differenzen des ethischen, ästhetischen oder intellektuellen Niveaus ausgesprochene Hemmnisse für die gegenseitige Attraktion darstellen.

Fassen wir nunmehr die eigentliche *Sexualstruktur* ins Auge, um von ihr aus die sexuellen Beziehungen noch ein wenig zu beleuchten. Wir haben in ihr ein äußerst komplexes Gebilde vor uns, das sich aus mannigfachen Elementen aufbaut. Außer dem eigentlichen *Geschlechtstrieb* ist uns eine Anzahl von sogenannten Partialtrieben bekannt: z. B. Narzismus, Schaulust, Zeigelust oder Exhibitionismus, Obskurationismus = schamhaftes Sichbedecken, Fetischismus im Sinne des sogenannten kleinen Fetischismus der Franzosen = starke Bindung an bestimmte Reize des Partners ohne Aufhebung des Verlangens nach dem Träger der Reize, Überwältigungslust, Quällust, Hingabe, Unterwerfung, Leidenslust. Dieser Komplex von Trieben ist bei den beiden Geschlechtern verschieden strukturiert, so daß die einzelnen Elemente verschieden stark zur Geltung kommen, aber auch innerhalb eines Geschlechtes weist seine Struktur große Differenzen auf. In der Sexualstruktur wurzeln die Kräfte der sexuellen Anziehung; sie müssen in angemessener Weise ihre Befriedigung finden können, wenn ein volles und tiefes Sexualerleben zustande kommen soll. Außerdem wären noch die Verschiedenheiten der Objektrichtung zu erwähnen, wie wir sie in der heterobzw. homosexuellen Einstellung vor uns haben. Es liegt in der Natur der Triebe bzw. ihrer Strukturen, daß sie nur an bestimmt gearteten Objekten ihre Erfüllung finden können. So kann der vorwiegende sexuelle Masochist sich nur dort sexuell gebunden fühlen, wo der betreffende Partner dazu geeignet ist, die Sexualsituation der Unterwerfung zu schaffen.

In der psychoanalitischen Literatur finden wir einzelne Beispiele, sogenannte charakteristische Fälle der Liebesobjektwahl. FREUD[1]) selbst hebt zwei derartige Typen heraus, die beim Mann häufiger vorkommen: „Die Situation des *„geschädigten Dritten"* und die *„Dirnenliebe"*, Im ersten Falle wirkt eine Frau auf den Mann erst dann anziehend, wenn ein anderer auf sie Eigentumsrechte geltend macht. Es bedarf einer aggressiven Regung gegen diesen anderen Mann, dem das Weib entrissen werden soll, damit ein sexuelles Begehren auftreten kann. Ob dabei immer auf seiten des Begehrenden homosexuelle Regungen mit wirksam sein müssen, wie FREUD behauptet, möchte ich dahingestellt sein lassen. Wesentlicher noch scheint mir, daß die Frau hier ein Besitzobjekt darstellt, das man dem Besitzer rauben kann. Wohingegen auf seiten des Geschädigten dann eine homosexuelle Triebrichtung gegeben sein mag, wenn er die Beziehungen seines Weibes zum Begehrenden stillschweigend duldet oder gar unterstützt. Im zweiten Falle wird nur das sexuell anrüchige Weib als Liebesobjekt begehrt, dessen Treue und Verläßlichkeit zweifelhaft ist. Neben der sehr häufigen Rettungsabsicht, daß die Geliebte seiner (des Liebenden) bedarf und ohne ihn jeden sittlichen Halt verlieren würde, spielt hier das Bedürfnis nach Eifersucht eine große Rolle,

---

[1]) S. FREUD: Beiträge zur Psychologie des Liebeslebens. Jb. psychoanalyt. u. psychopatholog. Forschgn. Bd. 2, 1910 u. Bd. 4, 1912.

wodurch erst das Weib seinen Wert bekommt, und die
Leidenschaft entfacht wird. Während der erste Typus
(vielleicht neben homosexuellen Tendenzen) in erster Linie
von Eitelkeit und mehr oder weniger von sadistischem
Machtstreben sexuell geleitet wird, steht der zweite Typus
zu dem Weibe in einer Art Hörigkeitsverhältnis (er unterwirft sich einer Geächteten, die mit ihm spielt und ihn be-
ständig in Atem hält), wobei dann vielfach noch andere
Strebungen mit einfließen (z. B. ein gewisses Sehnen nach
hemmungslosem Sichausleben durch das Gefühl, mit dem
Prototyp des Lasters in direkter Beziehung zu stehen;
Trotz gegen die bürgerlichen Normen und daneben das
Bedürfnis, durch die sexuelle Bindung ein religiöses Werk der
ethischen Förderung eines Nebenmenschen zu vollbringen).

Es gibt noch andere Typen, die bis zu einem gewissen
Grade charakteristisches Gepräge haben. ABRAHAM[1]) spricht
von den Männern, die bei der sexuellen Objektwahl auf
Mädchen der *Blutsverwandtschaft* verfallen. Er deutet
diese Neigung zu Verwandtenehen als Symptom eines
sexuellen Infantilismus. Sicherlich liegt auch in manchen
Fällen zum mindesten ein *Infantilismus* in *dem* Sinne
vor, daß es an sexueller Aktivität, an Wagemut und Durchsetzungskraft fehlt, daß infolgedessen ein Sexualobjekt dort
gesucht wird, wo es keiner großen Anstrengung bedarf.
Immerhin wird man nicht alle Fälle von Verwandtenehen auf
eine einheitliche Formel bringen können. Derselbe Mangel
an männlicher Vitalität trifft auch auf die Männer zu, die
sich von Mutter oder Schwester ihre Frau aussuchen lassen
und damit gewissermaßen ihre sexuelle Sehnsucht nach

---

[1]) K. ABRAHAM: Die Stellung der Verwandtenehe in der
Psychologie der Neurose. Jb. psychoanalyt. u. psychopathol.
Forschgn. Bd. 1. 1909.

Mutter oder Schwester befriedigen. Ein anderer Typus ist dadurch charakterisiert, daß er sich vorwiegend zu älteren, reifen Frauentypen hingezogen fühlt. Hier fließt in die Sexualeinstellung häufig ein infantiles Schutz- und Anlehnungsbedürfnis mit ein, wie es dem Verhältnis des Sohnes zur Mutter entspricht. Im Gegensatz dazu drängt es manche, in der Regel sexuell nicht voll ausdifferenzierte Männer gerade zu solchen Frauen hin, die etwas Kindliches, Unentwickeltes, Unausgereiftes an sich haben und dadurch der eigenen Sexualstruktur gewissermaßen konform sind. Ein wesentlicher Gewinn für diese Typen liegt in der Überlegenheit, die sie dem nicht voll ausgereiften Weibe gegenüber empfinden, was ihnen vielfach bei der vollentwickelten Frau nicht gelingen könnte, da ihnen dabei das Gefühl der eigenen Unreife im Wege steht.

In derselben Weise wirken sich auch in der *Sexualeinstellung* der *Frau* ähnliche Tendenzen aus, die an geeigneten Objekten ihre Erfüllung suchen. Echt weibliche Hingabe wendet sich imponierenden Erscheinungen kraftvoller Männlichkeit zu. Die Leidenssüchtige unterwirft sich den Typen, in denen sie instinktiv sadistische Überwältigungslüste ahnt. Die Machtlüsterne, Energische, bei der das Gefühl der Überlegenheit sexuelle Führung besitzt, sucht sich einen Partner, der sich ihr mehr oder weniger bedingungslos unterwirft. Sexuell undifferenzierte hysterische Frauen spielen mit den Männern, reizen sie zum Angriff, bis sie ihnen in masochistischer Wollust zu Füßen liegen; oder sie wenden sich vor der drohenden Niederlage anderen Objekten zu, um an ihnen ihre spielerische Quällust von neuem auszuleben. Frauen mit ausgesprochen polarer Sexualstruktur, in der Überwältigungslust und Unterwerfungstrieb um die Vorherrschaft ringen, werden zu entsprechenden gegensätzlichen Ergänzungstypen gedrängt, wobei sie häufig weder in der Beziehung zum „masochistischen" noch in der Vereinigung mit dem „sadistischen" Partner eine volle Befriedigung finden[1]).

Auffallend ist die Tatsache, daß viele Männer vor allem von *den* Frauentypen sich angezogen fühlen, die ihrer *Mutter* oder ihren *Schwestern* gleichen, daß umgekehrt die Sexualobjekte vieler Frauen ihrem Vater bzw. ihren Brüdern ähnlich sind. Man könnte meinen, daß die Sexualeinstellung in diesen Fällen die Richtung hält, die frühzeitig erotische Bindungen innerhalb der engsten Familie geschaffen haben. Sieht man in solchen Fällen genauer zu, so entdeckt man zunächst, daß die erwähnte Ähnlichkeit häufig nur eine entfernte bzw. eine grobe ist. Weiterhin aber ist zu sagen, daß z. B. in der Tochter, die sich in einen Mann nach dem Vorbild des Vaters verliebt, die gleichen sexuellen und erotischen Strebungen herrschend sein können und tatsächlich auch nachweisbar herrschend sind, die seinerzeit die Mutter zur Bindung mit ihrem Ehemann geführt haben. Keinesfalls wird jede Tochter in ihrer Liebeswahl den Typus des Vaters bevorzugen, ja häufig ist der Partner sogar der Wesensart des Vaters gerade entgegengesetzt, vielleicht dem Typus der Mutter angenähert. Diese Verschiedenheiten sind durch die Theorie des Vaters — oder Mutterkomplexes, wie die Psychoanalyse sie vertritt, nicht zu erklären, wenn man nicht die konstitutionell gegebenen Strebungen zum mindesten mit berücksichtigt.

Einen extremen Fall von Vater- bzw. Mutterbindung stellt nach Meinung der Psychoanalyse die *Impotenz* des

---

[1]) Eine ähnliche Divergenz kommt natürlich auch bei Männern vor.

Mannes und die *Frigität* der *Frau* dar, die darin ihre Ursache haben sollen, daß die Fixierung der Libido an die Mutter (oder Schwester) bzw. an den Vater (oder Bruder) der Möglichkeit einer anderen sexuellen Bindung gewissermaßen im Wege steht. Mir scheint es einleuchtender, das Kausalverhältnis umzukehren und zu fragen, *warum* in einem gegebenen Falle eine derartige starke Fixierung an die nächsten Angehörigen überhaupt zustande kommt, oder, besser gesagt, auch in erwachsenem Alter noch bestehen bleibt (Infantilismus). Der Grund muß doch wohl in der Veranlagung der betreffenden Kinder zu suchen sein, die sich durch die erotische Bindung an die Eltern oder Geschwister davor schützen, eine andere vollgültige sexuelle Beziehung einzugehen. Sie entziehen sich den Anforderungen eines sexuellen Verhältnisses, dem sie nicht gewachsen sind, dadurch, daß sie die infantilen Bindungen nicht aufgeben, in denen nichts Sexuelles von ihnen verlangt wird. Mit anderen Worten, sie wollen diese nicht aufgeben, da ihnen die sublimierte erotische Befriedigung genügt, und sie das Sexuelle bei ihrer abnormen Struktur ablehnen.

Als ausgesprochen abnorm ist ferner das *Divergieren* der *sexuellen* und *erotischen Bedürfnisse* aufzufassen. FREUD nennt dies das Auseinanderklaffen der sinnlichen und zärtlichen Strömungen, die beide auf verschiedene Objekte gerichtet sind. Das Liebesleben derartiger Menschen ist in zwei Richtungen gespalten. „Wo sie lieben, begehren sie nicht, und wo sie begehren, können sie nicht lieben." Mit Recht wird auch diese Eigentümlichkeit als *Infantilismus*, als Entwicklungsstörung bezeichnet, da normalerweise eine Divergenz der Liebesregungen in der Pubertät vorkommt und später überwunden wird. Verschieden sind in diesen Fällen die Typen des anderen (oder desselben) Geschlechtes, die *erotisch* anziehen, von den rein *sexuellen* Reizobjekten. Die Triebstruktur kann z. B. folgende sein: Das reine vollreife Weib ist ein Gegenstand der liebenden Verehrung des Mannes, der jedoch niemals da sexuell erlebensfähig ist, wo er sich etwa hinsichtlich der Reife und Reinheit unterlegen fühlen muß. Eine solche Bindung hat greifbare Ähnlichkeit mit der Liebe zur Mutter. Die Sinnlichkeit strebt dagegen Frauen zu, die vom Standpunkt der Verehrung aus minderwertig, niedrig und gemein erscheinen. Bei ihnen ist das Gefühl der Überlegenheit gewahrt, unter dessen Leitung allein eine sexuelle Einstellung erwachsen kann. Wiederum ist hier nicht, wie die Psychoanalyse meint, die zu starke Fixierung an die Mutter die wesentliche Ursache der Divergenz. Vielmehr liegt der Grund für die Spaltung in der eigenartigen Persönlichkeitsstruktur, die zärtliche und sinnliche Strömungen gar nicht oder nur in seltensten Fällen an *einem* Objekt erfüllen kann[1]).

Es ist nicht zu vergessen, daß die *erotisch-sexuellen* Strebungen die gewöhnlichen Sympathiebindungen (bzw. ihr Gegenteil; die Abneigungen) in irgendeiner Form durchkreuzen können bzw. umgekehrt. Die erotische Einstellung vermag über manches hinwegzusehen, was ohne diese abstoßen würde. Leicht erträgt man an einer Geliebten ge-

---

[1]) In einer derartigen oder in anderen Divergenzen der Triebeinstellung liegt eine wichtige Wurzel für unglückliche Ehen. Man darf mit gutem Recht den Ehepartner zur Zeit der Wahl als einen Ausdruck der Persönlichkeit eines Menschen ansehen, wobei für seine Eigenart charakteristisch wäre, welche Strebungen ihre Erfüllung finden (Versorgungsbedürfnis, Eitelkeit, erotische Bedürfnisse, rein sexuelle Momente usw.). Unglückliche Ehen kommen in erster Linie dadurch zustande, daß zentrale Bedürfnisse unbefriedigt bleiben oder nur zum Teil befriedigt werden.

wisse Eigentümlichkeiten, deretwegen man sich von einem anderen Menschen fernhalten würde. Man findet sich mit ihnen ab, wie man auch seine eigenen Mängel mit in Kauf nehmen muß; denn die Geliebte wird gewissermaßen dem eigenen Ich eingegliedert. Umgekehrt sind Sympathie-beziehungen denkbar, die niemals sinnliche Regungen auf-kommen lassen. Positive Gesinnungen können derart sein, daß sie eine erotisch-sexuelle Einstellung völlig ausschließen.

Wir haben uns nicht die Aufgabe gestellt, eine *umfassende Darstellung* der *menschlichen Beziehungen* und ihrer *psychologischen Motivierungen* zu geben. Ich betone ausdrücklich, daß die Probleme wesentlich komplizierter liegen, als es nach unseren Ausführungen scheinen könnte. Es genügte uns, einzelne Möglichkeiten ins Auge zu fassen und ihrer tendenzmäßigen Bedingtheit nachzugehen. Das allgemeine Prinzip ist nicht zu verkennen, und es wird sicherlich auch nicht durch eine Ver-tiefung der Problemstellung umgeworfen werden. Das Indivi-duum strebt nach *Erfüllung* seiner *Triebe*, nach *Befriedigung* seiner *Strebungen* und *Bedürfnisse*. Es liegt in der Natur und Eigenart dieser Kräfte, daß sie nach bestimmten Objekten hindrängen, in denen sie eine *Bestätigung* und *Bejahung* fin-den. Dagegen entwickeln sie Gesinnungen der *Ablehnung* und *Feindseligkeit* den Objekten gegenüber, die ihnen *keine Er-füllung* oder gar *Einengung* bzw. *Verneinung* bieten[1]).

---

[1]) Die Genese der sympathischen bzw. antipathischen Ein-stellungen zu anderen Lebewesen (Tieren und Pflanzen) und zu Gegenständlichkeiten (Farben, Formen, Situationen usw.) unterscheidet sich prinzipiell nicht von den Einstellungen zu den Menschen; allerdings liegt sie häufig versteckt in Symbol-bildungen (s. die Ergebnisse der Psychoanalyse). — Endlich sei noch darauf hingewiesen, daß psychisches Erleben von Sympathie und Antipathie nicht selten mit sinnesphysiologi-schen Vorgängen Hand in Hand geht. Ich erinnere an die Redensart, daß man jemanden „nicht riechen kann".

II. Die Einstellung zu den Gegenständlichkeiten.

Eine andere wichtige Gruppe der Umweltsbeziehungen umfaßt die *Einstellung* zu den *Gegenständlichkeiten*; nicht minder kennzeichnend für die Eigenart der Charaktere als die Beziehungen zu den Mitmenschen, mit denen sie oft enge Verschlingungen eingehen. Auch hier können wir nur Einzelheiten herausgreifen und gewisse Richtlinien aufzeigen.

Beginnen wir mit *solchen Lebenssituationen*, die vorwiegend *schicksalsmäßigen Charakter* tragen. Ein anschauliches Beispiel gibt uns der *soziale Auf-* und *Niedergang* der *Geschlechter*. Wenn wir eine größere Zahl von Stammbäumen bürgerlicher Familien betrachten, so werden wir häufig überrascht sein über die Schwankungen der beruflichen und gesellschaftlichen Position, denen die Reihe der Generationen unterworfen sein kann. Familien, deren Vertreter vielleicht im 17. Jahrhundert in der Gelehrtenwelt oder Beamtenschaft einen gewissen Namen gehabt haben, sind nach einigen Generationen an Bedeutung mehr und mehr zurückgetreten. Sie haben sich zwar zahlenmäßig ausgebreitet, aber die einzelnen Glieder führen nunmehr ein bescheidenes Dasein als einfache Landpfarrer, kleine Kaufleute und Handwerker oder sind gar zu Tagelöhnern herabgesunken, bis eines Tages in dieser oder jener Linie wieder ein Aufstieg erfolgt. Man sucht nach Gründen hierfür und findet sie angeblich in ausreichendem Maße bei den äußeren Umständen. Rückgang der Vermögensverhältnisse mag vielleicht ein ursächliches Moment sein (bedingt durch Krieg, Revolution, frühzeitiges Ableben des Ernährers oder andere Unglücksfälle), so daß die Ausbildung der Kinder und damit auch die Berufswahl notleiden muß. Dieser Faktor soll gewiß nicht verkannt werden. Hingegen, — darüber müssen wir uns klar sein — nicht in jedem Fall hat die gleiche Ursache die gleichen Wirkungen zur Folge, weil sich die Beteiligten jeweils in ganz verschiedener Weise zu den gegebenen Tatsachen einstellen bzw. ihnen schon von vornherein einen wirksamen Gegendruck entgegensetzen. Je nach Qualitäten, nach Anpassungsfähigkeit, schlauer Berechnung, Geschicklichkeit und Gewandtheit, Neigungen, nach Aktivität, Ehrgeiz, Geltungsdrang und rücksichtslosem Durchsetzungswillen bzw. den gegenteiligen Charaktereigenschaften wie Ängstlichkeit, Schüchternheit, Mangel an Selbständigkeit oder gar Gleichgültigkeit, Abulie, Faulheit und willensschwachem Sichtreibenlassen wird der eine sein Schicksal meistern und gestalten, der andere in ihm versinken und unter Umständen an ihm zugrunde gehen.

Zum Aufstieg einer Familie sind gewiß günstige Milieubedingungen keineswegs unwesentlich, doch müssen sie von den Charakteren in der richtigen Weise ausgenützt werden, wenn ein äußerer Erfolg zustande kommen soll. In wie vielen Fällen mag die äußere Situation derartige Möglichkeiten bieten, ohne daß sie mit frischer Hand ergriffen werden; ja sie werden nicht einmal gesehen, da die Betreffenden mit Blindheit daran vorübergehen. Zum „Sehen" ist nicht nur die Begabung eine notwendige Voraussetzung, sondern auch unermüdlicher Fleiß und zäher Wille, aus der Alltäglichkeit herauszutreten und etwas Besonderes zu leisten. Glückliche Zufälle allein machen es nicht, wenn wir eine Familie aufblühen sehen. Schauen wir z. B. hinein in die Geschichte der *aufstrebenden* Kaufmanns- und Industriefamilien, so wird uns klar werden, wieviel auf

Kosten der Persönlichkeitsanlagen zu setzen, wie wenig häufig das äußere Schicksal von Bedeutung ist. Und ähnlich verhält es sich mit dem so berüchtigten *raschen Verfall* derartiger Familien, der in der Regel der verwöhnenden Erziehung, dem Überfluß an Geldmitteln zur Last gelegt wird. „Es ist ihnen zu gut gegangen, das haben sie nicht vertragen können", hört man von anderen sagen, wenn sie das Fazit aus der Katastrophe ziehen. Wiederum müssen wir fragen, warum ist ein Mensch dem Wohlstand charakterlich nicht gewachsen? Kennen wir doch unzählige Beispiele, in denen es anders war und die betreffenden Familien die errungene Position haben lange Zeit halten können. Die *Einstellung* zu den *gegebenen Verhältnissen* ist daran schuld, wenn es zum sozialen Versagen kommt. Sehr häufig können wir die Ursache dafür erbbiologisch greifbar nachweisen. Die sthenischen Charaktere der Männer des praktischen Erfolges, die ganz in ihrem selbstgeschaffenen Arbeitsfeld aufgehen, sind gelegentlich recht wenig „vorsichtig" in der Wahl ihrer Frauen. Sie finden die ihnen entsprechende erotische Ergänzung in hyposthenischen, psychisch überfeinerten, kultivierten, aber widerstandsschwachen und nicht selten lebensunkräftigen Ehepartnern, die zu ihrer eigenen Natur in scharfem Kontrast stehen. Bei den Kindern aber kann sich diese mütterliche Wesensart in der Form durchsetzen, daß es ihnen zwar nicht an Vitalität und Lebenskraft, aber an der notwendigen Steuerung durch die sthenischen Qualitäten des Willens fehlt, die im Charakter des Vaters vorherrschend waren. Das ist in vielen Fällen die Hauptursache der degenerativen Haltlosigkeit dem Leben gegenüber. Es werden Erbmassen in die Familie hineingetragen, die sich in anderer Weise zu den Problemen des Lebens einstellen, als es bisher in früheren Generationen der betreffenden Familie üblich war [1]).

In diesem Zusammenhang wären noch die bekannten *Verbrecherfamilien Markus* und *Zero* [2]) zu erwähnen, bei denen wir, wenn auch in etwas anderer Form, dieselbe Tatsache des Auf- und Niederganges beobachten können. Von der Vagabundenfamilie Zero, einer ursprünglich achtbaren und ansehnlichen Sippe, heißt es, daß der Hang zum Vagabundieren durch fremde leichtsinnige, vagabundierende Weiber ins Geschlecht hineingekommen sei und sich durch ebensolche Heiraten weiter erhalten habe. Während die meisten Zweige der Familie auf der Stufe des Verbrechens mehr und mehr abwärts sanken, zeigen einzelne Linien unter dem offensichtlichen Erbeinschlag braver Frauen eine deutliche *Regeneration* und wenden sich seßhaften und ehrlichen Berufen zu. Ganz ähnlich verhält es sich in der Familie Markus. Wir sehen auch hier den gleichen *Auf-* und *Abstieg* infolge *günstiger* bzw. *ungünstiger Elternkreuzungen*. Es ist die Aufgabe der Erbbiologie, dies im einzelnen durch unantastbare Nachweise noch mehr zu erhärten. Aber schon heute kann daran nicht mehr gezweifelt werden, daß die anlagemäßig gegebenen Qualitäten einer Persönlichkeit für berufliche Entwicklung und Lebensstellung von durchschlagender Bedeutung sind. Sie wirken nachhaltig und übermächtig auf den Lebensgang

---

[1]) Es ist selbstverständlich, daß bei Menschen mit ähnlicher Veranlagung, die in verschiedenen Lebenssituationen aufwachsen, verschiedene Einstellungen aktiviert werden. So muß man z. B. mit der Möglichkeit rechnen, daß der eine unter ungünstigen äußeren Umständen auf die Verbrecherlaufbahn gerät, während der andere in gefestigtem Milieu davor bewahrt bleibt.

[2]) J. Jörger: Psychiatr. Familiengeschichten. Berlin: Julius Springer 1919.

ein, sie bestimmen in weitgehendem Maße die soziale und gesellschaftliche Stellung, sie herrschen über Besitz und Vermögen, über Erfolg und Mißerfolg.

Fassen wir die Frage der *Berufswahl* und *Berufsgestaltung* noch etwas näher ins Auge. Dazu wäre folgendes vorauszuschicken. Jeder Mensch wird in eine bestimmte Familiensituation hineingeboren, die in mittelbarem Sinne für ihn charakteristisch ist; eine Situation, die in der Eigenart der Eltern ihre Wurzeln hat. Von den Eltern aber hat der Mensch seine Wesensart geerbt. Demnach gehört die Familiensituation gewissermaßen zu seinen Keimmassen hinzu. Es hat nicht nur jedes Elternpaar die Kinder, die ihrer gemeinsamen Natur entsprechen, wir können auch den Satz umkehren: *Jeder Mensch* hat *die Eltern*, die *seinen Anlagen konform* sind. Kein Mensch ist, biologisch gedacht, ohne die ihm zugehörige spezifische Elternsituation denkbar; er schleppt in ihr seine Vergangenheit, d. h. die Keimmassen seiner Eltern mit sich. Das Kind strebt nach Entfaltung seiner Anlagen und hat sich dabei mit den gegebenen äußeren Umständen auseinanderzusetzen. Dies geschieht in der Weise, wie es der Eigenart des kindlichen Individuums mit seinen Strebungen entspricht (s. auch 3. Kapitel).

Das Kind wächst heran; es kommt die Zeit, da die *Berufswahl* dringend wird. Angeborene Neigungen suchen sich durchzusetzen. Sie treiben, wenn sie vorhanden sind, zu einer genaueren Orientierung über die Art der Tätigkeit und des Fortkommens in den verschiedenen Arbeitsgebieten, und danach wird die Entscheidung getroffen. Es können sich aber auch andere Momente der Persönlichkeit auswirken. Häufig fehlt dem Jugendlichen selbst (nicht selten auch seinen Angehörigen, Freunden und Bekannten) die klare

Übersicht über die Richtung seiner Fähigkeiten und Interessen. Er läßt sich in Unselbständigkeit und Schutzbedürfnis weitgehend durch den Rat der Menschen beeinflussen, denen er vertraut. Manche, die in lebhafter Protesteinstellung zu ihrer Umgebung leben, lassen sich womöglich dazu hinreißen, gerade das Gegenteil von dem zu wählen, was ihnen vorgeschlagen wird bzw. aufgezwungen werden soll. Andere wieder fügen sich, wenn auch widerwillig, dem autoritativen Druck, der auf sie ausgeübt wird. Gewiß kommen die Einflüsse der Umgebung in mannigfachster Form zur Geltung. Sie zeigen größte Variabilität, dieselbe Variabilität aber sehen wir auf seiten der Individuen, die sich zur Umwelt verschieden einstellen. Nur *die* äußeren Momente sind nachhaltig wirksam, denen bestimmte Strebungen entgegenkommen, in welchem Sinne es auch sein möge.

Die Tatsache, daß *Neigungen* und *Strebungen* den Menschen zu einer bestimmten Berufstätigkeit hindrängen, wird in besonderem Maße durch die Erscheinung der sogenannten *Berufstypen* beleuchtet. Greifen wir als Beispiel die Klasse der sogenannten „Gebildeten" heraus, die durch die akademische Schulung, wie wir sagen, ein bestimmtes geistiges Gepräge bekommen haben. Mehr oder weniger scharf umrissene akademische Berufstypen sind unverkennbar. Juristen, Mediziner, Philologen und Theologen usw. bringen jeweils charakteristische Berufsvertreter hervor, deren Eigenart gewissermaßen das Wesen ihrer Kaste in klassischer Form zu verkörpern scheint. Kein Mensch wird sich der Wirkung ganz entziehen können, welche die geistige Atmosphäre seines Berufes mit sich bringt. Gewisse Anschauungen und Denkgewohnheiten muß jeder annehmen, der sich in seinem Berufe einigermaßen heimisch fühlen will.

Durch den Lehrgang werden bestimmte Fähigkeiten in ihm geschult, deren Mangelhaftigkeit unter Umständen schwere Folgen hinsichtlich des beruflichen Erfolges nach sich ziehen kann. Dadurch allein aber bilden sich keine Berufstypen heraus. Viel wesentlicher hierfür ist die Tatsache, daß Menschen mit bestimmter, in gewisser Richtung gleichartiger *Persönlichkeitsstruktur* instinktiv denselben Beruf wählen, der ihrer Natur am meisten angemessen ist. Vergessen wir nicht, daß z. B. der scharfsinnige Jurist, der erfolgreiche Philologe seine Qualitäten nicht nur intellektueller, sondern auch charakterlicher Art von Haus aus mitbringen muß, sonst wird er zeitlebens ein schlechter, zum mindesten kein typischer Vertreter seines Standes bleiben.

Daneben kommt aber, wenn wir von dem Typus absehen, die große *Mannigfaltigkeit* der *Individualitäten* klar zum Ausdruck, die, jede in ihrer Weise, den geistigen Stoff ihrer Disziplin gestalten. Automatische Berufsmaschinen die einen, sie wandeln in überkommenen Bahnen; die anderen mit weitem Gesichtskreis und innerer Lebendigkeit suchen die alten Formen mit neuem Gehalt zu erfüllen und durch fortschrittliche Gedanken die traditionellen Normen aufzufrischen oder umzustoßen. Die Eigenart einer Persönlichkeit schafft sich innerhalb der Berufsatmosphäre das geistige Niveau, wie es den Anlagen entspricht.

Das gleiche gilt für *alle Gebiete* des *kulturellen Lebens*. Mit Recht hat einmal FICHTE gesagt: „Was für eine Philosophie man wähle, hängt davon ab, was man für ein Mensch ist; denn ein philosophisches System ist nicht ein toter Hausrat . . ., sondern es ist beseelt durch die Seele des Menschen, der es hat. Ein von Natur schlaffer oder durch Geistesknechtschaft, gelehrten Luxus und Eitelkeit erschlaffter und gekrümmter Charakter wird sich nie zum Idealismus erheben." Nicht nur die Wahl eines bestimmten engeren Gebietes des geistigen kulturellen Lebens, sondern auch eine bestimmte Geistesrichtung und Geisteshaltung liegt in der persönlichen Anlage begründet. Ein Mensch mit ausgeprägtem lyrischen Grundwesen wird andere Dichtungen und Dichter besonders schätzen und verehren wie der, für den vermöge seiner Eigenart das Dramatische höchstes ästhetisches Erleben bedeutet. Allerdings unter der Voraussetzung, daß es sich um selbständige, in ihrem Empfinden und Fühlen unabhängige und besonders ausgeprägte Persönlichkeiten handelt. Der nüchterne, realistische Denker baut sich eine Weltanschauung auf, die der des wirklichkeitsfernen verträumten Mystikers wesensfremd sein und bleiben wird. Der selbstsichere, in sich gefestigte Charakter muß sich von Natur und Gott ein anderes Bild gestalten als die lebensschwachen, schicksalsängstlichen Naturen, die ohne das Bewußtsein der Anlehnung und Unterwerfung schwersten seelischen Konflikten ausgesetzt sind.

In gleichem Maße persönlichkeitsbedingt ist auch die politische Einstellung. Die verschiedensten Eigenschaften (einfache Unterordnung unter die Meinung der Klasse, oder Protest gegen sie, Ressentiment gegen die „Höheren", purer Eigennutz, verkappter und echter Idealismus, Verehrung des Althergebrachten oder umstürzlerischer Geist) schaffen hier in mannigfacher Verschlingung oft die kompliziertesten Motivationen.

Im ganzen müssen wir sagen, daß der Wirkung äußerer Einflüsse bei der Ausbildung bestimmter Geisteshaltungen sicherlich eine bedeutende Rolle beizumessen ist. Am leichtesten verfallen, ihnen die Persönlichkeiten die zur Anpassung und Unterwerfung besonders disponiert sind Ihre Struktur ist eine andere wie die der Menschen, die aus sich selbst heraus die ihnen eigentümliche Richtung finden. Daß diese beiden Extreme durch die mannigfachsten Formen des Übergangs und der Abstufung miteinander verbunden sind (oft auch in dem Sinne der allmählichen Entwicklung von ursprünglicher Beeinflußbarkeit zu einer selbständigen Haltung) brauche ich nicht ausdrücklich zu betonen.

Unter *Benützung* der *vorhandenen Gegebenheiten* und *Möglichkeiten* lenken *Neigungen* und *Strebungen* den Menschen in eine *bestimmte Lebensbahn*. Nicht selten zeigt es sich später, daß er den aus seiner Persönlichkeit geborenen Situationen *nicht* oder nicht in dem Maße *gewachsen* ist, wie er es erwartet hatte. Setzen wir einmal den Fall, ein Mensch sei „unversehens" in einen Beruf hineingeraten, der für seine persönliche Veranlagung eine gewisse, mehr oder weniger drückende Belastung darstellt. Er sei z. B. aus Zweckmäßigkeitsgründen oder auch weil es der Vater war, Jurist geworden, hätte aber für die nüchterne Paragraphenlogik, für Aktenstaub und Menschlichkeitsferne (so scheint es ihm) nicht nur keinen Sinn, sondern würde darunter leiden und infolgedessen[1]) niemals zu einer wirklich

---

[1]) Wir wissen, daß sich hinter diesem „Infolgedessen" eine große *Täuschung* verbergen kann. Häufig ist es nicht so sehr eine Abneigung gegen den bestimmten Beruf und seine Anforderungen, sondern ganz allgemein die Abneigung gegen jeden Broterwerb überhaupt. Entweder liegt ein allgemeiner Mangel an Willensenergie, an tätigem Streben vor, oder erlahmt infolge von Veränderungssucht das sachliche Interesse schon nach kürzester Zeit, wenn eine oberflächliche Orientierung über die betreffende Berufstätigkeit erreicht ist. In beiden Fällen wird eine ausgesprochene berufliche *Gleichgültigkeit* die Folge sein. Diese Menschen leiden nicht unter ihrem Beruf, sondern unter ihrem eigenen Widerwillen gegen jegliche Arbeit überhaupt, die durch keinen Berufswechsel auszugleichen ist. Es sind abulische, oft rein genießerisch eingestellte Menschen, denen im eigentlichen Sinne mit Arbeit nicht „gedient" ist.

frohen Arbeitseinstellung gelangen können. Zwar gibt es in jedem Beruf eine gewisse Spielbreite von Möglichkeiten, so daß unter Umständen auch die divergentesten Interessen zu ihrem Recht kommen können. Vor allem für die Juristen, denen der Weg zur Wissenschaft, zur Praxis, zum Richter und zum Verwaltungsmann offen steht, wobei es innerhalb dieser Zweige ebenfalls wieder an Differenzierungsmöglichkeiten nicht fehlt (Strafrecht, Zivilprozeß, Staatsanwaltschaft, Kriminalistik, behördliche oder industrielle Tätigkeit usw.). Trotzdem aber gibt es Fälle genug, in denen der Betreffende sein Leben lang an der persönlichkeitsbedingten Berufswahl mehr oder weniger schwer zu tragen hat. Entweder muß er sich zu einem Kompromiß entschließen, der nie ganz den Charakter des Erzwungenen verliert. Oder wird er sich in müde und doch innerlich von Groll genährte Resignation flüchten.

Betrachten wir noch ein anderes Beispiel, das ebenfalls die *Wahl* und *Bewältigung* einer *selbstgewählten Lebenssituation* betrifft. In der Rassenhygiene ist oft auf die Tatsache hingewiesen, daß ein *Bauerngeschlecht degeneriert*, wenn die Söhne und Töchter der jüngsten Generation in die Stadt ziehen und sich dort Arbeit suchen. Selbstverständlich spielen bei der Entscheidung für die „Landflucht" äußere Momente (z. B. gewisse Gewohnheiten der Erbteilung, die den ältesten Sohn vorwiegend berücksichtigen, dadurch bedingte Notlage für die anderen) eine große Rolle. Wie sich nun aber der „Enterbte" zu dieser Tatsache einstellt, das liegt in seiner Wesensart begründet. Greifen wir zwei extreme Fälle heraus, wobei wir uns darüber klar sind, daß es sich um sogenannte Grenztypen handelt. Die körperlich Leistungsfähigen, Schwerfälligen und Unbeweglichen, die Zähen, Beharrlichen, Hartnäckigen und oft sehr charakterfesten Typen, die eine gewisse Liebe zur Scholle mit dem Landleben verbindet, werden unter Umständen nicht aus der Bahn ihrer Väter herausdrängen. Sie werden sich irgendwelche Entwicklungsmöglichkeiten innerhalb des Bauernstandes zu schaffen wissen, soweit es im Rahmen der gegebenen Verhältnisse möglich ist. Anders dagegen die Typen, die in ihrer Beweglichkeit und Veränderungssucht nach Neuem streben, denen infolgedessen die ruhige Eintönigkeit des Landlebens keine Befriedigung bietet, die in geltungssüchtigem Verlangen von hochfliegenden Plänen erfüllt sind oder von Genußsucht und Vornehmtuerei getrieben werden. Sie werden (vielleicht auch manchmal durch eine gewisse körperliche Schwäche veranlaßt) jede günstige Gelegenheit benützen, der schweren Landarbeit aus dem Wege zu gehen und sich in der Stadt ein ihnen zusagendes Arbeitsfeld zu suchen. Daß diese Charaktere gelegentlich zur Degeneration geneigt sind, braucht nicht wunder zu nehmen. Ihre Veranlagung ist es, die sie aus der ihnen angestammten Heimat forttreibt, und das kann in bestimmten Fällen schon das Zeichen einer minderwertigen psychischen Konstitution sein, vom Standpunkte zäher Charakterfestigkeit aus geurteilt. So setzen sie denn auch den verderblichen Einflüssen der Zivilisation einen geringeren Widerstand entgegen als die, denen sie von Jugend auf vertraut sind.

Die *Persönlichkeit* sucht sich einen (*neuen*) *Lebenskreis*, um ihre *Wünsche* und *Strebungen* in der betreffenden *Situation erfüllen* zu können. Diese aber wirkt ihrerseits *gestaltend* auf das *Schicksal* des Menschen ein dadurch, daß er alle ihre *Konsequenzen* auf sich nehmen muß. Und das geschieht in einer Form, die für seine Eigenart *typisch* ist; häufig, wie in diesem Falle, zu seinem *Schaden*.

Einzelne *Menschentypen* sind *besonders* dazu *disponiert*, ihren Anlagen gemäß zunächst *bestimmte Situationen* zu *schaffen*, gegen die sie dann bitter zu *kämpfen* haben (wiederum im Sinne ihrer Eigenart), unter denen sie *leiden*, an denen sie unter Umständen sogar *erliegen* müssen.

Ein instruktives Beispiel hierfür ist der *Querulant*, der einen harmlosen Konflikt zu einer Staatsaktion aufbauscht, der sich in seinem empfindlichen Rechtsbewußtsein, seinem übertriebenen Ehrgefühl nicht darüber hinwegsetzen kann, wie andere. Er muß so handeln, um seiner Natur treu zu bleiben. Er kann weiterhin den einmal beschrittenen Weg nicht verlassen und verbeißt sich derartig in die Idee des Kampfes um des vermeintlichen Rechtes willen, bis er schließlich an der selbstgeschaffenen Erfolglosigkeit seines Beginnens scheitert. Das Ende ist entweder „müde" und doch so vernünftige Resignation oder ein ins Maßlose gesteigerter Querulantenwahn, der ihn zu völliger sozialer Unfähigkeit verdammt. Alle, die nicht für ihn sind, betrachtet er dann als seine Feinde. Schließlich lebt er nur noch von der Gewißheit, der einzige zu sein auf dieser Welt, der die Idee des Rechts vertritt und Gut und Böse voneinander zu scheiden weiß.

Eine in gewisser Beziehung ähnliche Charakterstruktur kennzeichnet den sogenannten *Ressentimentstypus*. Es sind Menschen, die unter dem ständigen Erlebnis der eigenen Ohnmacht, des eigenen Nichtkönnens leiden und daher um so gieriger nach den „Gütern" streben, die andere besitzen. Es drängt sie gewissermaßen zu solchen Lebenssituationen, in denen sie einen tiefen Haß gegen die Besitzer dieser Güter kultivieren können. Sie schwingen sich nicht auf zu einem Konkurrenzbemühen, ja sie verzichten von vornherein auf das Überflügelnwollen, obwohl ihnen vielleicht die Möglichkeiten dazu gegeben wären. Oder sind sie mit Blindheit geschlagen über ihre Fähigkeiten, die sie auf anderen Gebieten fruchtbringend verwenden könnten, die aber gerade dort nicht ausreichen, wo ihr Geltungsdrang nach Erfüllung sucht. Sie streben in der Regel solchen Verhältnissen zu, in denen ihre Mängel ihnen immer wieder offenbar werden, in denen sie ihre positiven Qualitäten nicht oder nur beschränkt zu entwickeln vermögen, um nur recht giftig die nach ihrer Meinung Glücklicheren und Begünstigteren beneiden zu können. So werden sie ewig unbefriedigt bleiben müssen und sich in der eigenen Galle verzehren.

Eine Auseinandersetzung mit *selbstgeschaffenen Schwierigkeiten* auf anderer psychologischer Grundlage sehen wir in klassischer Form bei DOSTOJEWSKI. Wir wissen von ihm, daß er in seiner Gutmütigkeit und Nachgiebigkeit niemals „Nein" sagen konnte, wenn er von seinen Verwandten (die zum großen Teil durch eigenes Verschulden in Not gerieten bzw. unfähig waren, sich selbst zu erhalten) um Geld angebettelt wurde. Einmal gab er einen größeren Vorschuß vom Verleger, der ihn längere Zeit über Wasser gehalten hätte, bis auf einen kleinen Rest zur Unterstützung dieser Leute hin, ohne den empfindlichen Verlust für sich selbst zu bedenken. Sicherlich spielte dabei auch sein empfindliches Ehrgefühl (ein gewisser Familienstolz) mit, das ihn dazu bestimmte, die Vertreter des Namens DOSTOJEWSKI nicht im Stich zu lassen. Sein ganzes Leben lang ließ er sich in (fast möchte man sagen) unwürdiger Weise von den Verwandten ausnützen. Die Folge dieses Verhaltens war, daß er stets — ausgenommen vielleicht die letzten Jahre seines Lebens — in größten Geldschwierigkeiten sich befand, worunter er unsagbar zu leiden hatte. Der größte Teil seiner Werke ist unter der Hetzpeitsche ganz gemeiner äußerer Not entstanden, gegen die er durch unausgesetztes, strengstes Arbeiten ankämpfen mußte. Vielleicht konnte er diesen äußeren Druck nicht entbehren, um seine Schöpferkraft recht zur Entfaltung zu bringen. So wird man es ansehen dürfen. Sicherlich aber hat er sich selbst die größten Qualen bereitet, dadurch, daß er die drückende Lebenssituation provozierte.

Diese *Milieuprovokation* ist eine wichtige psychologische Tatsache, die wir nicht zu gering einschätzen dürfen. Vieles was als einfache Reaktion auf die äußeren Umstände imponiert, ist in Wahrheit nichts anderes, als die „*Reaktion*" einer *Strebung* bzw. eines *Strebungskomplexes* der Persönlichkeit auf einen *anderen*. *Eine* Teilstruktur der Charaktere *drängt* zu einem bestimmten *Milieu* hin bzw. gestaltet es in ihrem Sinne, und eine *andere wehrt* sich gegen sie und hat unter ihr bzw. unter ihren mittelbaren Folgen zu leiden.

Der Mechanismus der *Milieuprovokation* spielt in der *Psychopathologie* eine große Rolle; und zwar nicht nur bei abnormen Charakteren wie etwa beim Querulanten, beim Ressentimenttypus oder beim Leidenssüchtigen, sondern auch bei manchen *Psychosen*. Ich denke an gewisse *schizophrene Erkrankungen*, vor allem an die hierzulande gar nicht seltenen abortiven Formen, die als Reaktionen auf bestimmte äußere Verhältnisse imponieren. So erinnere ich mich an einzelne Kranke, die vor der „drohenden" Verlobung oder Heirat innerlich zurückschreckten und diesen Konflikt in einer kurzen schizophrenen Krise zum Austrag brachten. Mit einem gewissen Recht konnte man von einer Reaktion sprechen, doch war die genetische äußere Situation bei genauer Betrachtung nicht zufällig an die betreffenden Patienten herangetragen, sondern wurde von ihnen, d. h. von ihren Lebensbedürfnissen, vorher aktiv heraufbeschworen. In diesen Fällen gelingt die Konfliktslösung dadurch, daß nach Abklingen der Psychose eine entsprechend vernunftgemäße und wirklichkeitsangepaßte Verarbeitung der inneren Schwierigkeiten möglich ist (man könnte vielleicht den abortiven Verlauf schon als mindestens zum Teil durch letztere Fähigkeit bedingt auffassen). In anderen nicht abortiven Fällen, die aber trotzdem lange Zeit einfühlbar und verständlich bleiben, haben wir ein anderes Bild. Hier schaffen die Patienten sich ebenfalls eine Situation, in der sie gewissermaßen eine Beziehung zum Leben, d. h. eine erotische Beziehung zu einem ihnen adäquaten Partner suchen. Sie erfüllen damit ein gewisses inneres Sehnen, das ihrem Hingabeverlangen entspricht. Doch, ehe sie recht zu einer Verwirklichung dieser Sehnsucht vorgedrungen sind, setzen hemmende Gegenkräfte ein, die eine drohende persönliche Bindung und Verpflichtung abwehren bzw. zerstören und in tiefschürfender Konfliktsspannung die Persönlichkeit zur schizophrenen Psychose aufpeitschen. Die Lösung einer Wirklichkeitsanpassung kann aber nicht gefunden werden, vielmehr bleibt es bei dem einmaligen gescheiterten Versuch, und die Patienten versinken in apathischer bzw. negativistischer Wirklichkeitsabwehr (Autismus). Man wird, wenn man danach sucht, recht häufig *reaktive* Momente in der *Entwicklungsphase schizophrener Psychosen* finden können. Bemühen wir uns jedoch, tiefer zu dringen, so werden wir in der Mehrzahl dieser Fälle feststellen können, daß die anscheinende *Reaktion* auf *äußere Schwierigkeiten* sich als eine Reaktion entpuppt auf *selbstgeschaffene Situationen*, zu der bestimmte *Triebe* und *Tendenzen* der Persönlichkeit hindrängen mußten (s. auch Kurt Schneider[1])). An der Bewältigung dieser Situationen aber kommen sie, wiederum aus Gründen ihrer persönlichen Struktur, zu Fall (es sei ausdrücklich betont, daß mit diesem dynamischen Geschehen der Persönlichkeitsstrebungen die Krankheit Schizophrenie nicht völlig erfaßt ist).

Auch bei *depressiven Erkrankungen* kann eine *Milieuprovokation* von Bedeutung sein. Manchmal ist es hier ganz offenkundig, daß ein Mensch der Versuchung zu irgendwelchen Verfehlungen hat nachgeben müssen, und erst auf diesem Boden konnten Reue und Buße, Verzweiflung und Angst gedeihen. Oder: er schafft sich vermöge seiner Charaktereigenart persönliche Unannehmlichkeiten im Verkehr mit seinem Nächsten, denen er schon nach kurzer Zeit nicht mehr gewachsen ist, so daß er in einer Verstimmung abreagieren muß. Eine ähnliche Katastrophe kann dadurch zustande kommen, daß ein Mensch, von der Sehnsucht nach Erfolg und Ruhm getragen, sich zu höchsten Leistungen anspannt, die aber (vielleicht durch Weltfremdheit und Mangel an Wirklichkeitsanpassung bedingt) von vornherein so angelegt sind, daß ihnen die gewünschte Wirkung versagt bleiben muß. Wohingegen andere Persönlichkeiten stets ihre Lebenssituationen (sei es mit vorausschauender Überlegung oder in intuitiver Erfassung des Wesentlichen) so zu gestalten wissen, daß sie ihnen gewachsen sind bzw. nicht um das gesteckte Ziel betrogen werden.

In Verbindung mit der Milieuprovokation, aber auch für sich allein genommen, hat ein anderer charakterologischer Mechanismus in diesem Zusammenhang eine nicht unwesent-

---

[1] Kurt Schneider: Reaktion und Auslösung bei der Schizophrenie. Z. Neur. Bd. 50, S. 49.

liche Bedeutung, den man als *äußere Rechtfertigung* (siehe
O. Kant[1]): Moralische Rechtfertigung der Haßreaktion
beim Paranoiker) bestimmter Richtungen der Charakterentwicklung bezeichnen könnte.

Ich denke hier z. B. an manche *Unfallneurotiker*, denen
das Unfallgeschehen vor ihrem eigenen Gewissen die Be-
rechtigung gibt, der schon bisher oft als lästig empfundenen
Arbeitsanspannung auszuweichen und sich ganz der Einstellung des abulischen Sichgehenlassens (wenn auch unter
mannigfachem Leiden) hinzugeben; mag nun die vorher
schon latente Abneigung gegen das harte Muß der beruflichen Tätigkeit in ihrer Charakterstruktur allein oder bis
zu einem gewissen Grade mit durch eine körperliche
Schwäche in dieser oder jener Richtung begründet sein.
Bei vielen Unfallneurotikern können wir diesen Vorgang
der äußeren Rechtfertigung beobachten, gelegentlich ist
allerdings die Situation noch dadurch kompliziert, daß die
durch den Unfall exogen gerechtfertigte Einstellung mehr
oder weniger den Unfall schon herbeigeführt, d. h. ihn und
die sich aus ihm ergebenden Folgen provoziert hat (s.
W. Enke[2]).

Wie oft hören wir aus dem Munde von bestimmt gearteten Menschentypen die Worte: „Daß ich so und so
geworden bin, daran ist dieses oder jenes Ereignis schuld.“
In der Regel handelt es sich um *verwerfliche* oder gar *ent-
ehrende Charakterzüge*, für die jeder Mensch, auch der
schlechteste, am liebsten die Verantwortung ablehnt, die
er gern von seinem eigentlichen Wesen lostrennen möchte.

---

[1]) O. Kant: Beiträge zur Paranoiaforschung. I. Die objektive Realitätsbedeutung des Wahns. Z. Neur. Bd. 108, S. 625.
1927.

[2]) W. Enke: Psychopath und Unfall. Z. Neur. Bd. 104
S. 121. 1926.

Viel seltener wird ein Mensch die äußere Bedingtheit bei positiven, schätzbaren, hochwertigen Eigenschaften zugeben, da es hier jeder vorzieht, sie dem eigenen Verdienste zuzuschreiben und als dem eigenen Wesen eigentümlich anzusehen. Diese Verschiedenheit ist aus der Selbstachtung geboren und daher durchaus menschlich.

Wie verhält es sich nun aber *objektiv* mit der *äußeren Rechtfertigung*? „Wenn dies oder jenes sich nicht ereignet hätte, wäre es mit mir nicht soweit gekommen.“ Als Charakterzüge, die mit Vorliebe durch äußere Rechtfertigung motiviert werden, sind in erster Linie z. B. folgende zu nennen: Impulsivität, Erregbarkeit, Reizbarkeit; morose Unfreundlichkeit; Undiszipliniertheit, Haltlosigkeit, Energielosigkeit; in weiterem Sinne jede asoziale und antisoziale Haltung. Wir müssen nun von den Fällen, die eine äußere Rechtfertigung durchaus unberechtigterweise nur suchen, um ihr mehr oder weniger ausgeprägtes Gewissen zu beruhigen, die anderen Fälle scheiden, in denen der äußeren Rechtfertigung tatsächlich eine gewisse Bedeutung zukommt. Diese interessieren uns hier vor allen Dingen. Niemals wird dabei die Situation so liegen, daß die erwähnten Charaktereigenschaften durch die äußere Konstellation gewissermaßen aus dem Nichts geschaffen werden. Vielmehr handelt es sich stets darum, daß bestimmte charakterliche Strebungen schon vorhanden waren, ohne sich recht hervorwagen und nach außenhin durchsetzen zu können. Sie brauchten einen äußeren Anstoß, der die Hemmung löste und dadurch ihrer Entfaltung freien Lauf verschaffte (wobei die Hemmung auch als irgendwie persönlichkeitsbedingt anzusehen ist). Auf diese Frage werden wir im nächsten Kapitel noch näher eingehen müssen.

Sicherlich wird die wahre Bedeutung der äußeren Rechtfertigung vielfach überschätzt. Wenn die äußeren Momente nicht eine besondere Art und Intensität besitzen, wird man in der Bewertung ihrer Wirksamkeit sehr vorsichtig sein müssen. Kann man sich doch kaum einen Menschen denken, der von den wesentlichsten Kategorien äußerer Einwirkungen verschont bleibt, sofern es sich nicht um Unterschiede des Standes und der sozialen wirtschaftlichen Stellung handelt. Jeder Mensch hat Gelegenheiten genug, die z. B. den Grund zu einer Verstimmung, zum Gekränktsein, zur Gereiztheit, zu Haltlosigkeiten, zur paranoiden Reaktion oder zur Hypochondrie legen könnten. Es kommt stets auf die Anlage und ihre Entwicklungsmöglichkeiten an.

Nicht anders verhält es sich auch bei den Fällen, die der exogenen Formung eine nennenswerte Bedeutung beimessen für eine *Persönlichkeitsentwicklung* in *positivem Sinne.* Wir können sie zum Unterschied von der äußeren Rechtfertigung unter den Begriff der *exogenen Entfaltung* zusammenfassen. So oft hört man sagen, daß diese oder jene Glückszufälle eine entscheidende Wendung in der Lebensstellung der Betreffenden bewirkt hätten (übrigens stellt sich das „Glück" meistens erst nach Jahren heraus). Das soll gewiß nicht verkannt werden. Aber wie kommt denn dieser Vorgang zustande? Zunächst müssen bestimmte Eigentümlichkeiten gegeben sein, wie z. B. Anpassungsvermögen, Aufnahmebereitschaft, Begeisterungsfähigkeit, Einfühlungsvermögen, ohne die eine nennenswerte Formung der Persönlichkeit ausgeschlossen bleibt (hinter ihnen stehen bestimmte Tendenzen der Einordnung, Unterordnung und Hingabe). Sie geben den fruchtbaren Boden für die Bewirkung ab. Wenn es aber nicht nur bei einem bloßen Abklatsch der Umgebung bleiben, sondern zu einer Entfaltung im eigentlichen Sinne kommen soll, müssen noch andere

Anlagekräfte wirksam sein, die den aufgenommenen Erlebnisstoff in einer der Individualität eigentümlichen Weise verarbeiten und in mehr oder weniger produktivem Sinne originell oder zum mindesten mit Geschick gestalten. Jedenfalls müssen bestimmte Persönlichkeitsstrukturen vorliegen, damit überhaupt eine *exogene Entfaltung* positiver Wesenszüge zustande kommen kann. Es müssen Bereitschaften vorhanden sein, die Entwicklungsmöglichkeiten bieten. Die Bedeutung der Anlagen ist gar nicht abzusehen. Gibt es doch unzählige Menschen, die niemals Glückszufälle erleben, sie nicht als solche zu erfassen und keinen entscheidenden Nutzen für ihre Persönlichkeit daraus zu ziehen wissen. Die meisten Menschen lassen die Gelegenheit zu einer exogenen Entfaltung vorübergehen, ohne ihnen mit ihren Persönlichkeitsstrebungen entgegenzukommen; es fehlen ihnen die inneren Wandlungsmöglichkeiten, ohne die der Mechanismus einer exogenen Entfaltung ausbleiben muß.

Viele werden sagen, daß der Mechanismus der *Persönlichkeitsformung* durch das *Milieu* für die „*Bildung*", für das *kulturelle Niveau* eines Menschen ausschlaggebend sei. Man braucht ja nur einen Wilden mit einem Europäer zu vergleichen. Beides sind Menschen, wohl verschieden nach gewissen rassischen Eigentümlichkeiten, in der Hauptsache aber verwurzelt in verschiedenen Kulturkreisen; primitiv die einen, aufs höchste differenziert die anderen. Und doch liegt die Sache wesentlich komplizierter. Wohl schwerlich wird ein Primitiver sich kurzer Hand zu einem Kulturmenschen „hinaufschrauben" lassen, ebensowenig wie wir ein solches Experiment mit positivem Erfolg bei einer einfachen europäischen Bauernseele anstellen können. Allerdings mit *der* Einschränkung, wenn nicht entsprechende differenzierte Anlagestrukturen dem Versuch entgegenkommen. Und daß unter den Primitiven sowohl als auch in den niederen Schichten unseres Kulturkreises derartige Strukturen zu finden sind, darüber darf kein Zweifel bestehen. Ich erinnere nur an die nicht seltenen Typen des einfachen schwäbischen Bauernstandes, die vielfach eine ungewöhnliche Differenziertheit in ihrem Persönlichkeitsaufbau erkennen lassen. Halten wir eines immer fest: eine exogene Persönlichkeitsformung kann nur *dann* gedeihen, wenn in der Persönlichkeitsanlage Formungsmöglichkeiten verankert sind. Andererseits müssen manche fruchtbare Ansätze verkümmern, wenn die äußeren Gelegenheiten einer Vertiefung ausbleiben. Oder werden sie vielfach einer Verbildung anheimfallen, sobald die exogene Förderung eine halbe, unvollkommene bleibt. Sie können auch in eine allzu einseitige Richtung hineingezwängt werden, sofern es den äußeren Möglichkeiten an Vielseitigkeit gebricht.

Den Persönlichkeitsforscher interessiert aber vor allem eine andere Frage. Letzten Endes bleibt für Menschen jedes Standes und aller Kulturstufen der Fonds ihrer ererbten Anlagen entscheidend für die Art, in der sie sich zu der Atmosphäre ihres Standes- und Kulturkreises einstellen. Es ist müßig, zu fragen (und wird es wohl auch ewig bleiben), was aus einem Menschen geworden wäre, wenn er in eine andere kulturelle Atmosphäre hineingeboren wäre. Dagegen scheint mir die Frage der Lösung wert, wie jeder in einer für seine Eigenart charakteristischen Weise die ihm dargebotenen äußeren Umstände und Schicksalsmomente zu erfassen, zu benützen und zu gestalten vermag. Nur so kann dem Persönlichkeitsforscher, für den stets Wesen und Kern der menschlichen Persönlichkeiten das wichtigste Forschungsobjekt sein soll, ein erschöpfendes Eindringen in dem Persönlichkeitsaufbau gelingen. Dann

aber ist es ihm möglich, auch geistige, kulturelle Fähigkeiten und Strebungen bei solchen Menschen zu entdecken,
denen unser einseitiger Kulturstandpunkt bei oberflächlicher Betrachtung derartige Qualitäten absprechen möchte.
Die Starken vermögen sich durchzusetzen und unter Umständen über ihren Stand zu erheben, da sie mit ihren Anlagen wuchern und die äußeren Bedingungen schaffen
können, die ihren inneren Entwicklungsmöglichkeiten eine
exogene Entfaltung angedeihen lassen.

Fassen wir zusammen: Die Auseinandersetzung mit den
Gegenständlichkeiten geschieht in einer für die Eigenart
der Persönlichkeit typischen Weise. Die Menschen suchen
an den vorhandenen Gegebenheiten und Möglichkeiten ihre
Neigungen, Bedürfnisse und Strebungen zu erfüllen. Dabei
greifen sie auch gestaltend in den Lauf der Dinge ein. Sie
suchen bestimmte Lebenskreise auf, sie schaffen sich unter
Umständen neue Umweltsbedingungen, mit denen sie sich
dann wieder ihrem Wesen entsprechend auseinandersetzen
müssen (Milieuprovokation). Daneben spielt auch die
exogene Persönlichkeitsformung (äußere Rechtfertigung,
exogene Entfaltung) eine nicht unwesentliche Rolle; doch
sie kann nur fruchtbar werden, wenn ihr bestimmte anlagemäßig gegebene Strebungen und Qualitäten entgegenkommen.

III. Die exogene Persönlichkeitsformung.

In den ersten beiden Kapiteln ist viel von den *Erbanlagen*,
von der *anlagemäßig* gegebenen *Persönlichkeitseigenart* die
Rede gewesen. Damit wir nicht in den Verdacht kommen,
einer ausschließlichen Bedeutung der Erbmassen, wenn auch
nur versteckt und vielfach verklausuliert, das Wort zu

reden, wollen wir uns nunmehr mit den Möglichkeiten der *exogenen Persönlichkeitsformung* noch eingehender auseinandersetzen.

Eine extreme Bewertung des *Milieus* für die Persönlichkeitsentwicklung finden wir bei den meisten orthodoxen *Psychoanalytikern* (FREUD allerdings macht davon bis zu einem gewissen Grade eine Ausnahme). Sie stellen sich vor, daß in erster Linie die Eindrücke der Jugendzeit, so vor allem die Atmosphäre des Elternhauses, aber auch bestimmte einschneidende einmalige Ausnahmeerlebnisse die Charakterentwicklung beeinflussen oder gar ausschließlich bestimmen und lenken. Dabei scheinen sie ganz zu vergessen, daß jedes Kind doch auch ein Erbgut mit bestimmten Entwicklungsrichtungen besitzt.

In dieser Form ist die Ansicht der Psychoanalyse unhaltbar. Allerdings muß zur Einschränkung gesagt werden, daß manche maßvolle Analytiker derartige Einseitigkeiten einer Bewirkungstheorie nicht mitgemacht haben, wenn auch selbst von ihnen die Bedeutung der Erbanlagen gern zu gering eingeschätzt wird.

Schauen wir uns an einem Beispiel die Beziehungen der Kinder zu ihren Eltern näher an:

Der *Vater* ist streng, hart und lieblos zu den Kindern, reizbar, jähzornig, herrisch und nicht frei von brutalsadistischen Regungen; die *Mutter* dagegen zeigt ein gütiges, liebevolles Wesen, sie gibt stets nach, läßt alle Unannehmlichkeiten geduldig über sich ergehen und leidet still ergeben unter der Art ihres Mannes.

Eine Tochter (gesund) stellt sich in natürlichem und durchaus selbstbewußtem Haß gegen ihren Vater ein. Sie vermag aber auch die schwache, leidensselige Art der Mutter nicht recht zu achten, der sie zwar im Grunde ihre Liebe doch

nicht ganz versagen kann. Ohne große innere Schwierigkeiten löst sie sich frühzeitig von den Eltern und stellt
sich auf eigene Füße.

Eine *zweite Tochter* (Zwangsneurose) entwickelt sich in
ganz anderem Sinne. Für sie ist im Laufe der Jahre die
Brutalität des Vaters zum Ideal geworden. Sie schwelgt
in Grausamkeitsphantasien und wünscht sich im geheimen,
daß sie sich seine herrische, sadistische Wesensart ganz zu
eigen machen könnte. Sie versucht auch diese Einstellung
der Mutter gegenüber zu verwirklichen. Andererseits erkennen wir bei ihr ausgesprochene masochistische (mütterliche) Tendenzen. Es bedeutet für sie höchste Lust, die
Menschen ihrer Umgebung zu ärgern, um von ihnen ver-
achtet und beschimpft zu werden. In dieser Entwertung
durch andere befriedigt sich ihre Leidenssucht.

Wie hat man sich in *solchen* und *anderen Fällen* mit dem
Problem der Konvergenz von Anlage und Milieu auseinanderzusetzen?

Schon bei oberflächlicher Betrachtung müßte den Psycho-
analytiker die *verschiedenartige Entwicklung* bei *Kindern* mit
derselben Elternsituation stutzig machen. Ohne anlagemäßig gegebene Richtung ist sie völlig undenkbar. Diese
in den Kindern vorgebildeten Strebungen stellen sich zu
der Wesensart der Eltern ein und suchen sich im Zusammen-
leben mit ihnen zu entfalten. Wir müssen darin einen
ersten Versuch der *Auseinandersetzung* mit den *Nebenmenschen* erblicken.

Das kindliche Schutz- und Liebebedürfnis wendet sich
z. B. in erster Linie dem Elternteil zu, der diesen Regungen
entgegen kommt. Die Sehnsucht nach Hingabe schafft eine
feste Bindung an die Mutter oder an den Vater, je nachdem
welcher von beiden in seiner Eigenart den Liebeswünschen

die notwendige Erfüllung bietet. Ist dem Kinde ein starker Wille zur Macht anlagemäßig eigen, so wird es vielleicht diesen zunächst an dem schwächeren Teil des Elternpaares erproben, d. h. an der Stelle, die dem Machtstreben geringsten Widerstand entgegensetzt. In diesem Falle könnte sich etwa ein gleichzeitig vorhandenes Bedürfnis nach Verehrung dem anderen Elternteil zuwenden, der durch seine herrische Art imponiert. Bei zunehmendem Streben nach Selbständigkeit kann unter Umständen die Verehrung in kämpferischen Protest umschlagen, in eine Einstellung des Hasses und der Verachtung, die unter Mittönen von gewissen Angstregungen den Zwang der elterlichen Zucht zu durchbrechen versucht. Sollte die Wesensart des Kindes auf lebhafte Unterwerfungsbedürfnisse eingestellt sein, so können diese nicht nur einer strengen, sondern auch einer weichen liebevollen Mutter gegenüber verwirklicht werden. Oft machen sich gewisse Auflehnungstendenzen in dem Sinne bemerkbar, daß sie Schroffheit und Strenge bei der Mutter noch besonders herausfordern, damit dann die Unterwerfung umso besser gelingen kann.

Fließen sexuelle Regungen in die Einstellung zu den Eltern mit ein, so orientieren sich auch diese bei den Kindern in der Weise, wie es ihrer Veranlagung zukommt. Die erotische Bindung des Knaben an seinen Vater läßt auf eine homosexuelle Triebrichtung schließen. Dieser Fall ist anlagemäßig anders zu bewerten als die erotische Fixierung des Sohnes an die Mutter, die einer normalen Triebrichtung entspricht. Umgekehrt muß bei einer erotischen Einstellung des Mädchens zur Mutter eine abnorme Triebsituation vermutet werden[1]). Bei alledem kommt es aber im einzelnen

---

[1]) Diese erotischen Bindungen der Kinder und Jugendlichen besagen noch nichts für die spätere Entwicklung.

wieder sehr auf die Eigentümlichkeit der betreffenden Eltern an, in welchem spezielleren Sinne diese erotischen Fixierungen zu deuten sind. So ist es z. B. für die Wesensart einer Tochter nicht gleichgültig, ob sie sich homoerotisch zu einer herben, männlich gearteten Mutter hingezogen fühlt, oder ob die Hinwendung auf eine weiche und weiblich struktuierte Mutter gerichtet ist. Darin würden bestimmte Verschiedenheiten der homoerotischen Beziehungen zum Ausdruck kommen, wie wir sie ja auch bei einem derartigen Verhältnis zwischen Erwachsenen kennen (z. B. ♀ weiblich geartet homoerotisch zu ♀ männlich geartet; ♀ männlich zu ♀ weiblich).

Wir wollen die Möglichkeiten nicht weiter ausspinnen. Es kann sich auch hier nur darum handeln, Andeutungen zu geben. Wichtig scheint uns die Tatsache, daß das Kind keineswegs nur bildsames Wachs in den Händen der Eltern ist. Wir neigen zwar zu der Auffassung, uns die Kinder im Verkehr mit den Erwachsenen als mehr passive, hinnehmende Wesen zu denken. Das entspricht aber nicht der Wirklichkeit, vielmehr pflegt sich schon der kindliche und jugendliche Mensch *aktiv* zu dem Problem des Zusammenlebens einzustellen. Er ist genau so wie der reife Mensch ein Geschöpf, das da, wo es Resonanz findet, seine Strebungen und Triebe zu erfüllen sucht.

Selbstverständlich ist die *Zwangslage* der Hilflosigkeit und des Schutzbedürfnisses bei Kindern besonders dazu geeignet, einer Eigenentfaltung unüberwindbare Hindernisse entgegenzusetzen. Dann leidet das Kind, wie es jeder Erwachsene in ähnlicher Situation auch tun würde. Weiterhin aber verfährt das Kind wie viele Erwachsene in gleicher Lage, wenn ihm seine *Struktur* eine gewisse *Beweglichkeit* der Einstellungen zugesteht. Es stellt sich um und sucht nach

Möglichkeiten einer Erfüllung, bei der Konflikte mit den Eltern vermieden werden; dies aber auch nur dann, wenn der Wille zur Unterwerfung über die Auflehnungsregungen überwiegt. Sind letztere stark ausgeprägt, so wird das Kind trotz allem (Haßeinstellung) den Drang nach Unabhängigkeit befriedigen müssen. Weich und formbar sind besonders die Kinder, bei denen Hingebung, Angst und Unterwerfung im Vordergrunde stehen. In jedem Falle drängen vorhandene Tendenzen nach Erfüllung, sie schaffen sich ihre Befriedigung, wie und wo sie können. Sie entfalten sich, ja sie können anwachsen, wenn sie einen günstigen Boden finden, während sie in ungünstigem Milieu zurückgedrängt werden; doch immer nur bis zu dem Grade, den die Eigenart der Veranlagung vorschreibt.

Werfen wir in diesem Zusammenhang einen kurzen Seitenblick auf die alte Streitfrage nach den *Grenzen* der *Erziehungsfähigkeit* bei *Kindern* und *Jugendlichen*; sie läßt sich zweifellos in Bausch und Bogen nicht beantworten (s. W. VILLINGER[1])). Es ist keineswegs so, wie vielfach angenommen wird, daß bei den einen die Erbanlagen sich mit elementarer Gewalt durchsetzen, bei den anderen jedoch die äußeren Einflüsse das Gewicht der Anlagen überbieten. Wir haben vielmehr das Problem in ganz anderer Richtung aufzurollen. Die Erziehungsfähigen und die Unerziehbaren unterscheiden sich in erster Linie durch die Verschiedenheit ihrer Anlagenstruktur. Erziehungsfähigkeit und Unerziehbarkeit sind beide genau so anlagemäßig begründet wie jede andere Charaktereigenschaft. Folgende Wesenszüge stellen beispielsweise den Erziehungsversuchen eine ganz verschiedene Prognose: Anpassungsfähigkeit, Anlehnungsbedürfnis, Unterordnungs- und Verehrungskraft, Fähigkeit zu Selbstdisziplin, Selbstgestaltung (wohl auch noch die Fähigkeit zur verstandesmäßigen Durchdringung der gebotenen Erziehungsmaßnahmen) auf der einen Seite — Egozentrizität, Machtbedürfnis, Protest und feindselige Einstellung gegen die Umgebung, triebhafte Haltlosigkeit, eigensinnige Starrheit

---

[1]) W. VILLINGER: Die Grenzen der Erziehbarkeit. Reform des Strafvollzugs. Juli 1927.

(und auch Verstandesdefekte) auf der anderen Seite. Die Aufgabe der Psychologen besteht nicht darin, die Erziehungsfähigkeit im allgemeinen zu untersuchen, sondern sich darüber klar zu werden, bei welcher Persönlichkeitsstruktur der Kinder und Jugendlichen Erziehungsmaßnahmen (und welche) Erfolg versprechen, und bei welchen alle Versuche vergeblich bleiben. So werden wir allmählich bestimmte Typen erfassen, die jeweils nach der ihnen anlagemäßig gegebenen Erziehungsfähigkeit verschieden einzuschätzen sind. Es kann nicht genug betont werden, daß die durch äußere Einflüsse stark *bildsamen* und *formbaren Charaktere* eine *andere Persönlichkeitsstruktur* (und damit auch andere Erbanlagen) besitzen als *die Naturen*, die für *äußere Einwirkungen* nur *geringe Resonanz* zeigen. Der Unterschied zwischen beiden besteht nicht in der verschiedenen Durchsetzungskraft ihres Anlagenmaterials überhaupt, sondern in der Verschiedenheit der Struktur ihrer Anlagen und des in ihnen wurzelnden Persönlichkeitsaufbaus.

Fassen wir nunmehr einzelne Fälle ins Auge, in denen ein *kindlicher* oder *jugendlicher Mensch* einer *hochgradigen Persönlichkeitsformung* unterworfen ist. Welche Momente spielen dabei eine wesentliche Rolle, wie kommt dieser Vorgang zustande? Wir wählen als Beispiel gerade den noch *nicht ausgereiften Menschen*, weil bei ihm, der sich noch in der *empfindsamen Phase* der *Entwicklung* befindet, die äußeren Einwirkungen sicherlich ihre besondere Bedeutung haben. So müssen wir jedenfalls annehmen, wenn wir die Erfahrungen der allgemeinen Biologie zu Rate ziehen, die von einer starken exogenen Bildsamkeit der Organismen in dem Stadium der Entfaltung bis zur Ausreifung berichten.

Vergegenwärtigen wir uns ein Beispiel. Ein *Sohn* wächst auf unter *strengster Disziplin* des harten, egozentrischen und autoritätsbewußten *Vaters*, der, wie wir uns für gewöhnlich auszudrücken pflegen, die Eigenart des Sohnes am liebsten ganz unterdrücken und ihn nach seinen Idealen gestalten und bilden möchte. Was wird die Folge sein? Je nach seiner Eigenart wird der Sohn eine folgsame, allzeit nachgiebige Kreatur, die in ängstlicher Unterwerfung stets darauf bedacht ist, dem Vater zu Willen zu sein und keines seiner Gebote zu übertreten. Es mag sich im Laufe der Zeit wohl ein gewisser Widerwille in die Unterwerfung mit einschleichen. Vielleicht entwickeln sich mit zunehmender Reife heimliche Haßregungen, die sich aber nicht recht herauswagen, höchstens zu inneren Konfliktsspannungen führen. Oder aber: der Sohn, der vielleicht die lebhaften Machtbedürfnisse seines Vaters geerbt hat, stellt sich schon in relativ jugendlichem Alter mit offensichtlicher trotziger Auflehnung zu seinem Vater ein, wenn er sich auch in der Regel dem äußeren Zwang der Gewalt fügt, aber mit dem stolzen Bewußtsein der inneren Verachtung seines Peinigers. Es sind noch eine Reihe anderer psychologischer Einstellungen denkbar, wir begnügen uns mit diesen beiden.

Was für eine Wirkung hat aber ein derartiges extrem zugespitztes Familienmilieu, das mit ungeheurer Wucht dem jugendlichen Menschen seinen Stempel aufzudrücken versucht? Zweifellos werden die Tendenzen oder Tendenzkomplexe (in unseren beiden Fällen die Einstellung der Unterwerfung bzw. des kämpferischen Protestes) in forcierter Weise durch die Eigenart des Vaters herausgefordert. Diese ständige Zwangslage der *situativen Herausforderung* muß notgedrungen zu einer gewissen inneren Gewöhnung führen, welche die erwähnten Einstellungen des Kampfes oder der Unterwerfung in eine mehr oder weniger *beherrschende Position* hineintreibt. Sie wachsen infolge der Herausforderung zu enormer übersteigerter Intensität an, die zwar nicht das durch die Anlagen begründete mögliche Maß der Entfaltung überschreitet, aber doch in den meisten Fällen kaum einen so erheblichen Grad erreichen würde, wenn die äußere Situation weniger herausfordernd gestaltet wäre. Die Struktur des gleichen jugendlichen Menschen in der massiven Herausforderungssituation und in einem mehr abgerundeten milden Milieu wird eine verschiedene sein, wie es gleichermaßen bei einem Erwachsenen der Fall sein würde.

Bei einem ausgereiften Menschen dürfen wir vielleicht annehmen, daß eine solche durch Milieuherausforderung bedingte Struktur nach Milieuwechsel (d. h. bei Wegfall der spezifischen Herausforderung) wieder völlig verschwindet. Dagegen werden bei einem kindlichen und jugendlichen Menschen die Verhältnisse etwas anders liegen. Wir müssen hier mit der Möglichkeit rechnen, daß die herausgeforderte Struktur durch „*Bahnung*" wenigstens bis zu einem gewissen Grade die *Neigung* zu einer *dauernden Fixation* bekommt. Dies wird nur *dann* zu einer *unabänderlichen Dauermanifestation* für das spätere Leben führen, wenn die Anlagen und die in ihnen wurzelnde Persönlichkeitsstruktur es auch weiterhin unter veränderten äußeren Bedingungen gestatten, bzw. wenn im weiteren Verlauf des Lebens ähnliche herausfordernde Milieusituationen wirksam sind. Im übrigen aber wird eine derartige in der Jugend herausgeforderte Struktur für spätere Zeiten (nach Wegfall der Herausforderung) die Nachwirkung haben, daß sie sich *leichter aktiviert*, d. h. sich leichter durch ähnliche Milieusituationen herausfordern läßt. Sie kann leichter eingeschaltet werden, als wenn es in der Jugendzeit nicht zu der betreffenden Herausforderung gekommen wäre.

Wir wollen hier kurz auch ein Beispiel anführen aus der *Sphäre* des *Somatischen*. Von DARWIN ist bekannt, daß er auf den Seefahrten, an denen er als junger Mann zu Forschungszwecken teilnahm, sehr heftig unter der Seekrankheit zu leiden hatte. Und es heißt bei manchen Biographen, daß dieses Übel den Grund gelegt habe zu den späteren nervösen Magenstörungen, die seine Leistungsfähigkeit zeitweise stark behinderten. Sehen wir von dem Umstand ab, daß diese Magenverstimmungen wohl in der Hauptsache im Gefolge von gemütlichen Depressionen auftraten; nicht bei jeder Depression sind Symptome des Verdauungsapparates vorhanden, und wenn sie auftreten, muß schon eine gewisse konstitutionelle Disposition gegeben sein. Wir hätten hier dieselbe Fragestellung aufzuwerfen, die wir soeben auf psychischem Gebiet angeschnitten haben. Zunächst ist die Anschauung von vorne herein abzutun, daß die Seekrankheit als eigentliche Ursache der späteren Magenstörungen anzusehen sei. Vielmehr liegt beiden Krankheitserscheinungen eine bestimmte Organdisposition zugrunde, mit der noch gewisse neurotische Mechanismen zu einem innigen Komplex verbunden sind. Es erhebt sich aber die Frage, ob die anhaltende Herausforderung der Seekrankheit für das spätere Leben die Nachwirkung einer erhöhten Ansprechbarkeit im Sinne vegetativ-nervöser Magenstörungen gehabt haben könnte? Wir vermögen weder in positivem noch in negativem Sinne eine absolut sichere Entscheidung zu treffen. Immerhin halte ich eine völlige Ablehnung nicht für erlaubt. Man wird mit einer gewissen Wahrscheinlichkeit die leichtere Bahnung funktioneller Mechanismen (ob pathologischer oder normaler Art ist prinzipiell irrelevant) auf Grund früherer herausgeforderter Manifestationen zugeben müssen. Wir sprechen ja davon, daß sich Mechanismen „einschleifen" können; es bilden sich funktionelle „Engramme", die dann in Zukunft ein leichteres „Ekphorieren" zur Folge haben. Die Engramme aber sind insofern von der Erbkonstitution abhängig, als ihre Tiefe und Nachhaltigkeit in geradem Verhältnis steht zur Intensität oder Valenz der anlagemäßigen Disposition.

In der Qualität der Erbmassen liegt es begründet, daß unter „normalen" d. h. in keiner Richtung besonders ungewöhnlichen Bedingungen viele Funktionsmechanismen mehr oder weniger latent bleiben. Bei exzeptionellen äußeren Vorkommnissen, besonders wenn sie anhaltend sind, werden diese latenten Mechanismen ans Tageslicht gezogen („herausgefordert"), immer natürlich nach ihrer Art und Stärke abhängig von den vorhandenen Anlagedispositionen. Sie treten in die Latenz zurück, wenn wieder „normale" äußere Verhältnisse eingetreten sind; aber wir haben theoretisch damit zu rechnen, daß sie in Zukunft auf Grund des Vorganges der Bahnung (Einschleifung, Engramm) leichter aus der Latenz gelöst werden als vorher.

Kehren wir zurück zur Sphäre des *Psychischen*, so wird eine *Bahnung* im Sinne der *dauernden Fixation* bzw. leichteren Aktivierung einer *bestimmten Persönlichkeitsstruktur* in erster Linie geschaffen durch *anhaltende* und *außergewöhnliche äußere Situationen* in der Jugendzeit. Wir haben dafür im Volksmund die Redensart, daß dieses oder jenes einem Menschen sein Leben lang „nachgeht"; oder, daß er bestimmte Erlebnisse nicht abzuschütteln vermag. Es ist aber auch an der Volksmeinung etwas Richtiges, daß die Nachwirkung verschwindet, wenn erst einmal längere Zeit „Gras darüber gewachsen" ist. Im ganzen wird man sich davor hüten müssen, die *Bahnung* einer *situativ herausgeforderten Persönlichkeitsstruktur* in ihrer *Bedeutung* für das *spätere Leben* zu hoch *einzuschätzen*. Wenn sie offensichtlich intensive Folgen hat für den weiteren Verlauf der Entwicklung, so muß ihr eine entsprechende *erbkonstitutionelle Grundlage* entgegenkommen. Ohne *anlagemäßige Disposition* kann es niemals zu einer *nachhaltigen* Dauerwirkung kommen.

Die *relative Geringwertigkeit äußerer Umstände* wird uns recht deutlich vor Augen geführt, wenn wir einmal einschneidende und besonders *gewichtige einmalige Erlebnisse* in der *Kindheit* oder *Jugendzeit* ins Auge fassen, denen ebenfalls von mancher Seite eine extrem nachhaltige Wirkung auf die spätere Entwicklung zugeschrieben wird. Sittlichkeitsdelikte, Vergewaltigungen oder frühzeitige sexuelle Verführungen von Kindern oder Jugendlichen sollen die schwersten Folgen haben für die psychische Gesundheit des Betreffenden, so sagt jedenfalls die Psychoanalyse. Eine interessante und sehr wichtige kleine Arbeit von C. Goroncy[1]) läßt jedoch diese Behauptung in ganz anderem

---

[1]) C. Goroncy: Untersuchungen an in der Kindheit genotzüchtigten Personen. Z. gerichtl. Med. Bd. 7, H. 1, S. 1—23. 1926.

Lichte erscheinen. GORONCY berichtet über 24 Fälle (17 persönlich exploriert) von jungen Mädchen im Alter von über 20 Jahren, an denen in der Kindheit vor dem 14. Lebensjahr Sittlichkeitsverbrechen begangen worden waren. Ein großer Teil hatte den Vorfall ganz vergessen, bei vielen war er in der Erinnerung erheblich verblaßt, die Sinnlichkeit war durch das Delikt nicht vorzeitig geweckt, geschlechtliche Lustgefühle bei der unzüchtigen Handlung wurden von allen bestritten (?). In der subjektiven Bewertung stellte sich das Delikt den meisten (mit nur wenigen Ausnahmen) als völlig belanglos dar, bei keiner der Untersuchten hatte es irgendwelche Bedeutung für die spätere Artung des Sexuallebens, das sich in den Grenzen der sonstigen Erfahrung an erwachsenen Frauen hielt. Das psychische Gleichgewicht der Erwachsenen war durch das Kindheitserlebnis in keiner Weise alteriert, es fehlten psychogene Erkrankungen. In den Fällen, wo später Verwahrlosung eingetreten war, lagen dafür immer andere innere oder äußere Gründe vor. Eine Reihe der Mädchen hatte mit 20—30 Jahren geheiratet, auffallenderweise die meisten Verwahrlosten, darunter auch eine Puella.

Nach dem Ergebnis dieser Untersuchung (das ja von vornherein als wahrscheinlich hätte vorausgesagt werden können, nur mußte es einmal nachgewiesen werden) sieht die Sachlage doch wesentlich anders aus, wie sie die Psychoanalyse immer hinzustellen sucht. Wir sehen, daß Sittlichkeitsdelikte an Kindern nur dann für die spätere Entwicklung im Sinne von neurotischen Störungen oder im Sinne der Verwahrlosung von Bedeutung sein können, wenn eine Persönlichkeitsstruktur anlagemäßig gegeben ist, die das betreffende Erlebnis als unzüchtig überhaupt empfindet und zu neurotischer Verarbeitung desselben geneigt ist.

5*

Sonst aber bleiben die Sittlichkeitsdelikte für den weiteren Lebensgang bedeutungslos.

Eine Selbstverständlichkeit ist die *exogene Formung* durch *Dauersituationen*, die den Betreffenden das ganze Leben hindurch begleiten. Als extremes Beispiel wähle ich hier die Bedeutung des *Antisemitismus* für die Entwicklung *bestimmter Einstellungen* bei den Juden. Zunächst konstatieren wir, daß die Juden in unteren sozialen Schichten wenig unter dem Antisemitismus zu leiden haben. Der Grund liegt darin, daß sie dasselbe Los mit den nichtjüdischen Schichtgenossen teilen, die bei ihrer geringwertigen sozialen Position keine Ursache haben, die mißachteten Juden zu bekämpfen, wenn auch vielleicht eine gewisse instinktive rassische Abneigung vorhanden sein mag. Die Niederen wenden ihre Kampfinstinkte in erster Linie gegen die Höheren. Der Antisemitismus beginnt erst da für die Juden bedeutsam zu werden, wo das gesellschaftliche Leben einsetzt, wo beruflicher und gesellschaftlicher Ehrgeiz auf Hindernisse stößt. In höheren Schichten insbesondere stellt sich der Antisemitismus dem Geltungsdrang und Machtbedürfnis des Juden in den Weg und versagt ihm häufig die angesehenen und einflußreichen Positionen.
Wie wirkt sich dieser Tatbestand auf die Persönlichkeit des Juden aus? Wird der Antisemitismus für den Juden in jedem Falle zu einem schweren inneren Konflikt bzw. wann sind die Bedingungen hierfür gegeben? Es ist selbstverständlich, daß der Antisemitismus für jeden Juden, der ein empfindliches Ehrgefühl, ein labiles Selbstwertbewußtsein besitzt, ein bedrückendes Schicksalsmoment darstellen muß. Gewiß setzen sich unzählige Juden über ihn hinweg, sie kümmern sich entweder gar nicht um die hemmende Grundeinstellung in der Umgebung, wenn ihnen die Ehrbegriffe der Gesellschaft gleichgültig sind, oder aber sie begegnen der ihnen von außen aufgezwungenen Minderwertigkeit durch den rassischen Stolz des auserwählten Volkes, der ihrem Selbstgefühl einen wirksamen Schutz angedeihen läßt. Groß ist aber die Zahl der Juden, denen die mißachtete Position zu einem Dauerkomplex wird. Die Wirkung ist sehr verschieden; sie schwankt je nach der Persönlichkeitsstruktur zwischen den Extremen des resignierenden Verzichtens und des kämpferischen Protestes in versteckter oder unverhüllter Form. Der Antisemitismus fordert, in unserer Sprache ausgedrückt, bestimmte Einstellungen

heraus, die natürlich, wie wir nunmehr wissen, sich in den Bahnen der Anlagen halten und erst durch sie gewisse Verschiedenheiten zeigen. Andererseits aber läßt sich mit Bestimmtheit sagen, daß derselbe Judentypus wohl vielfach in einem von antisemitischen Bestrebungen freien Milieu ein wenig anders aussehen würde. Die Einstellungen der Resignation oder des Ressentiments werden zweifellos mehr in den Vordergrund gerückt; jedenfalls bei den Juden, deren Struktur in unverfänglichem Milieu nicht so sehr in einer dieser beiden Richtungen zugespitzt wäre. Der Antisemitismus ist eine Atmosphäre, der sich der Jude nur schwer entziehen kann, wenn er ein empfindliches Organ dafür besitzt. Durch diese *Dauersituation* wird eine *Struktur fixiert*, die zwar nicht der Anlage widerspricht, aber doch eine *gewisse Übersteigerung* bedeutet im Vergleich zur Struktur in einer dem jüdischen Rassetypus günstigen Umgebung. Den experimentellen Beweis für diese Auffassung werden wir nie antreten können, immerhin halte ich sie trotzdem für unbestreitbar. Wir brauchen uns nur vergegenwärtigen, wie auch z. B. andere Ressentimentssituationen, die einem Menschen mehr oder weniger aufgezwungen wurden, die Persönlichkeit im Sinne einer verschärften Ressentimentseinstellung umwandeln können.

Wir stellen fest: Die Möglichkeiten und die Grenzen einer Persönlichkeitsformung durch die Umwelt liegen im Erbgut begründet. Langanhaltende und außergewöhnliche äußere Erlebnisse (vor allem, wenn sie den Menschen in der *sensiblen Phase* der *Entwicklung* treffen) können im Gegensatz zu einem weniger pointierten Milieu *bestimmte Seiten* der *Persönlichkeit herausfordern, andere* mehr in den *Hintergrund drängen.* Die *herausgeforderte Einstellung* neigt zur *Fixation,* die sich nach Wegfall der betreffenden äußeren Umstände auch später noch dadurch bemerkbar machen kann, daß sie sich infolge der früheren Bahnung *leichter aktiviert* bzw. sogar *dauernd fixiert,* sofern es die *Erbmassen* und ihre *Entfaltung* im weiteren Verlauf des Lebens zulassen.

Der Vorgang, der der *exogenen Persönlichkeitsformung* zugrunde liegt, gehört in das Gebiet der *Strukturverschiebungen*, die für die Charakterologie von größter Bedeutung sind[1]). Wir fassen in diesem Begriff alle *Einstellungsumwandlungen* zusammen, die beim Menschen vorkommen können[2]), d. h. neben den erwähnten Möglichkeiten einer exogenen Persönlichkeitsformung, mögen sie dauernder oder vorübergehender Natur sein, die Persönlichkeitswandlungen endogener Art, endlich die ständig wechselnden Einstellungen zu den verschiedensten Umweltsbedingungen wie Familie, Nebenmenschen, Beruf, soziale und gesellschaftliche Gliederung, praktische und theoretische Problematik usw., die bei demselben Menschen in verschiedenen Entwicklungsphasen wieder verschieden sein können.

Auf der Basis der Strukturverschiebungen allein können wir das *Problem „Charakter* und *Umwelt"* in einer für die Persönlichkeitsforschung fruchtbaren Weise lösen. Wenn wir das Wesen der Persönlichkeit eines Menschen ergründen wollen, müssen wir darauf Wert legen, seine Eigenart in *bezug* auf die *vielseitig möglichen Umweltssituationen* zu erfassen. Wir brauchen also Persönlichkeitsschilderungen, die auf der *Relation* zu den äußeren *Umständen* aufbauen (*Relations-Charakterologie* oder *Relationsanalyse* der Persönlichkeit). Dazu bedarf es einer möglichst objektiven Typisierung der verschiedenen Umweltsmöglichkeiten, die sicherlich ungeheuere Schwierigkeiten bietet; objektiv soll hier heißen, nicht nach den Wirkungen gekennzeichnet (also

---

[1]) H. HOFFMANN: Das Problem des Charakteraufbaus. Berlin: Julius Springer 1926. Siehe auch 1. Kapitel dieser Arbeit.

[2]) Ohne *Strukturverschiebungen* ist auch ein *psychotherapeutischer Erfolg* unmöglich, gleichviel auf welchem Wege die Einstellungswandlung erzielt wird.

nicht: bedrückend, beengend, erhebend, lösend usw.), da wir ja gesehen hatten, daß gleichartige Situationen von verschiedenen Menschen verschieden erlebt werden.

Zunächst mag es fraglich erscheinen, ob die letztere Forderung überhaupt durchführbar ist, da unser Sprachgebrauch für ein derartiges Beginnen vorwiegend Wertbegriffe (vom Ich aus gedacht) zur Verfügung stellt. Dagegen gibt es kein anderes Mittel, als das gründliche und gewissenhafte Bemühen einer möglichst redlichen Objektivität, die sich so weit frei von Wertungen hält, wie es überhaupt irgend angängig erscheint. Man darf nicht erwarten, daß man zu diesem Zwecke sogleich brauchbare Begriffe prägen könnte. Wenn dies überhaupt einmal gelingt, so kann es nur in allmählicher Entwicklung geschehen.

Schauen wir doch einfache Situationen näher an, wir werden sehen, wie schwer sie sich kurz und prägnant kennzeichnen lassen.

Eine bestimmte *Einstellung* zu einem *Vorgesetzten.* Da haben wir zunächst die Beziehung zu dem Vorgesetzten an sich. Dazu kommt dessen persönliche Eigenart mit ihren Folgen für den dienstlichen und persönlichen Verkehr; ferner das Ausmaß seines Machtbereiches, die ihm zur Verfügung stehenden autoritativen Maßnahmen; bestimmte von außen gegebene Zwangslagen, in denen er sich befindet; das Ansehen, welches er selbst bei den vorgesetzten Behörden genießt; unter Umständen auch seine Familienverhältnisse, seine Vermögenslage, seine körperliche Gesundheit, sein Alter usw.

Oder die *Einstellung* zur *Familie* insgesamt. Sie ist zunächst bestimmt durch die verschiedensten Charaktere innerhalb des engsten Familienkreises, durch deren Gewohnheiten, Einstellungen auf die wechselnden Lebensbedingungen und körperliche Beschaffenheit; ferner wird sie beeinflußt durch die berufliche und wirtschaftliche Stellung, durch die zwangsläufige Beziehung zu anderen Angehörigen, durch gesellschaftliche Verpflichtungen, durch das Eingreifen der mehr oder weniger sympathischen Nachbarn usw.

Trotz all dieser Schwierigkeiten müssen wir versuchen, eine *Persönlichkeit* in ihren Beziehungen zu den (möglichst objektiv charakterisierten) *Umweltsbedingungen* zu analysieren. Dabei wird es nicht nur auf die äußeren Verhaltensweisen ankommen, sondern vielmehr auf die eigentlichen Motivationen, die hinter diesen stehen. Ferner darauf, daß wir uns nicht nur auf einen bestimmten Lebensabschnitt beschränken, sondern uns ein möglichst geschlossenes Bild des Entwicklungsganges verschaffen und dabei die Bedeutung der äußeren Umstände und auch der in der Persönlichkeit selbst gelegenen inneren Situationen mit berücksichtigen. Wem diese Forderungen unerreichbar scheinen, dem kann ich nur entgegnen, daß wir uns bemühen müssen, ihnen so weit nachzukommen, wie in unseren Kräften steht.

In der *Relationsanalyse* erfassen wir dann die *Persönlichkeitsrichtungen* und *Strebungen*, ferner die *statischen Fähigkeiten* und *Qualitäten*, wie sie sich zu den äußeren Gegebenheiten verhalten bzw. in ihrer *Struktur* durch sie *gewandelt* werden können. Aus diesen Einstellungen zu bestimmten Situationen bzw. den Verschiebungen durch die Verschiedenheiten der Umweltsbedingungen hätten wir das Wesen, d. h. die *eigentliche „Grundformel"* des in Frage stehenden Persönlichkeitsaufbaus abzulesen.

Wie hat dies zu geschehen?

Versuchen wir an einigen Beispielen uns die Aufgabe annähernd verständlich zu machen. Sie vermögen keineswegs schon die ganze Kompliziertheit der Sachlage darzutun, immerhin doch eine gewisse Andeutung der Probleme zu geben.

Der *erste Fall* beleuchtet die *Einstellungsverschiedenheiten verschiedenen Situationen* gegenüber. Nehmen wir an, ein Mensch zeige eine gewisse Empfindlichkeit bestimmten Situationen gegenüber, die infolge zwingender Gewaltsamkeit leichteren Grades eine mäßige Einengung seines Ichs zur Folge haben. Seine Einstellung wäre hier in erster Linie durch die Verbindung von Unabhängigkeitsdrang, Geltungssucht und Machtbedürfnis getragen, wobei vielleicht im Untergrunde noch die Tendenz zur Unterordnung in leichtem Grade mitschwingen und durch ihre antinomische Stellung eine Konfliktsverschärfung bedeuten würde. In anderen Situationen aber (Freunden gegenüber, in der Familie, bei Fernerstehenden) würde unter gewöhnlichen Umständen eine Einstellung vorherrschen, bei der die eben genannten Tendenzen keine wesentliche Rolle spielen, dagegen liebenswürdige, ja warmherzige Hinneigung, Güte und Zuvorkommenheit vorherrschen. Wollten wir uns danach die aufbaumäßige Grundformel konstruieren, so hätten wir zu sagen, daß in diesem Falle sicherlich die erste egozentrische Teilstruktur keine sehr schlagende Durchsetzungskraft hat, daß vielmehr die zweite (nennen wir sie „altruistische") Einstellung überwiegt, und erstere nur dann in den Hintergrund tritt, wenn eine tatsächliche Beeinträchtigung des Ich erfolgt. Jedenfalls wäre die aufbaumäßige Grundformel eine ganz andere als bei dem Menschen, der auch ohne objektive Einengung von egozentrischen Regungen beherrscht wird, deren Intensität oder Erfüllungsstreben dann als besonders hochgradig anzunehmen wäre.

In einem *anderen Falle* vergleichen wir den Ressentimenttypus, der wie z. B. der Jude dem Antisemitismus gegenüber in einer die Ressentimenteinstellung herausfordernden
Dauersituation lebt, mit einem zweiten ressentiment-
erfüllten Charakter, dessen Einstellung objektiv keine
nennenswerte äußere Bedingtheit aufzuweisen vermag. In
der Grundformel dieser beiden liegen im allgemeinen gewisse
Unterschiede hinsichtlich der Ressentimenteinstellung, die
beim zweiten wohl wesentlich zentraler und intensiver angelegt ist als beim ersten Typus.

Ein *dritter Fall*, der die *Entwicklung* einer Einstellung betrifft. Wir haben zwei Erwachsene vor uns, deren Wesen
gleichermaßen von ängstlicher Unterwürfigkeit beherrscht
ist. Der eine hat eine ungemein strenge Erziehung genossen
(vielleicht auch eine drückende Berufsausbildung durch-
gemacht), die schon früh bei ihm die unterwürfige Einstellung herausforderte und zu ihrer Fixation nicht unwesentlich beigetragen hat. Der andere ist ohne nennenswerte
Einengung von außen durchs Leben gegangen. Bei letz-
terem wird man der mangelnden situativen Herausforderung
die Bedeutung beilegen müssen, daß die Unterwerfung in
der Grundformel seines Wesens fester und ursprünglicher
verankert ist als beim ersten Typus.

Selbstverständlich kann die *Grundformel* immer nur durch
Abschätzung gewonnen werden, sie wird sich niemals exakt
festlegen lassen[1]). Den möglichen Vorwurf des Schematis-
mus wird man in Kauf nehmen müssen. Immerhin hoffe
ich gezeigt zu haben (wenn auch nur skizzenhaft; mehr
kann man heute nicht verlangen), wie sich mir das Problem

---

[1]) Das, was ich hier als „Ablesen" der Grundformel des
Charakters bezeichne, wurde, wenn auch mehr gefühlsmäßig,
von jeher bei guten Persönlichkeitsbildern instinktiv beachtet.

darstellt. In der angedeuteten Weise gelangen wir allmählich von der *Eigenschaftspsychologie* über die Feststellung der *Struktur und ihrer Verschiebungen* zu der Analyse der *Grundformel* des *Persönlichkeitsaufbaus*. Wir bekommen dadurch ein von den *äußeren Verhältnissen* (bei steter Berücksichtigung des Exogenen) *abstrahierendes Bild* der *Persönlichkeit* und erfüllen somit das eigentliche *Ziel* der *Persönlichkeitsforschung*.

IV. Die Erforschung des Persönlichkeitsaufbaus.

In diesem letzten Kapitel wollen wir uns mit den Ergebnissen beschäftigen, welche die *Erforschung* des *Persönlichkeitsaufbaus* heute zu verzeichnen hat. Wir werden sehen, daß es uns zunächst nur gelingt, gewisse allgemeine Grundlinien festzulegen und vielleicht noch die Struktur (für uns bedeutet stets Aufbau und Struktur dasselbe) bestimmter wichtiger psychischer Haltungen und Einstellungen, sei es auch nur ganz grob, herauszuarbeiten. Es wird der späteren Forschung vorbehalten bleiben, eine Aufbauanalyse von Persönlichkeitstypen in ihrer Ganzheit, d. h. im Sinne der „Grundformel" vorzunehmen.

Wenn ich das *dynamische Getriebe* der menschlichen Persönlichkeit in den Vordergrund dieser Betrachtung stelle (s. auch K. Lewin: Vorsatz, Wille und Bedürfnis[1])), so geschieht dies vor allem deswegen, weil die Persönlichkeitsforschung nach meiner Überzeugung darauf wesentliches Gewicht legen sollte. In den vorhergehenden Kapiteln habe ich daher vielfach schon dynamische Begriffe verwendet.

---

[1]) Berlin: Julius Springer 1926.

Wir wollen uns nunmehr mit der *Lehre* von den *Trieben* und *Tendenzen*[1]) noch etwas näher befassen.

Als erste Frage soll uns der Sinn und die Bedeutung einer *Tendenzlehre* beschäftigen. Warum ist sie überhaupt ein Bedürfnis, da man doch früher mit den bekannten charakterologischen Eigenschaftsbegriffen ausgekommen ist? Einmal entspricht die in der Tendenzlehre enthaltene dynamische Auffassung in höherem Maße als die reine Eigenschaftsbetrachtung den Tatsachen des *inneren Erlebens*, das von Richtungen und Strebungen als Triebkräften des Fühlens, Denkens und Handelns zu berichten weiß. Zum zweiten aber ist die Tendenzlehre geeignet, zu einer feineren *Differenzierung* und zur lebendigen *Erfüllung* unserer *Eigenschaftsbegriffe* beizutragen. Wir hatten gesehen, mit welch komplizierten Erscheinungen die Charakterologie zu rechnen hat. Diesen werden wir mit der recht groben Münze der Eigenschaftsbegriffe allein nicht gerecht. Die *wechselnde Bedeutung ein* und *desselben Eigenschaftsbegriffes* bei den einzelnen Menschentypen wird uns ewig verschlossen bleiben, wenn wir nicht den eigentlichen Motivationen auf den Grund gehen. Darauf ist auch von anderer Seite schon öfters hingewiesen worden (KLAGES, UTITZ)[2]). Die Eigenschaft der *Willenskraft* z. B. kann ganz verschiedene Wurzeln haben. Bei dem einen ist sie vornehmlich der Ausdruck

---

[1]) Triebe und Tendenzen werden für gewöhnlich unterschieden, Triebe als vitale Kräfte, Tendenzen als geistige Richtungen und Strebungen aufgefaßt. Die klare begriffliche Trennung läßt sich jedoch nicht immer leicht durchführen. L. KLAGES (1. Prinzipien der Charakterologie. Leipzig: J. A. BARTH. 1910. 2. Persönlichkeit. Potsdam: Müller u. Kiepenheuer und Zürich: O. Füssli 1927) unterscheidet Triebe und Triebfedern; letztere im Sinne von Willensrichtungen.

[2]) E. UTITZ: Charakterologie. Charlottenburg: Pan-Verlag (Rolf Heise) 1925.

eines lebhaften Tätigkeitsbedürfnisses, dem das Wollen und Vollbringen an sich wesentlich ist. Bei einem anderen ist Machtbedürfnis die Haupttriebfeder. Bei einem dritten geht sie im wesentlichen auf den Erkenntnistrieb zurück. Oft werden Kombinationen dieser Tendenzen hinter ihr stehen, wobei allerdings bald die eine, bald die andere die Führung hat. Ähnliche Verschiedenheiten treffen wir bei der Eigenschaft der *Hilfsbereitschaft* an, die entweder vorwiegend durch reine Hingabe oder durch egoistische Tendenzen (schlaue Berechnung) oder aus Trieben der Lebenssicherung (Angst, Unheimlichkeitsgefühle) motiviert sein kann. Auch die Schwierigkeiten, die das *wechselnde Verhalten* eines Menschen in *verschiedenen Lebenssituationen* der wissenschaftlichen Erkenntnis bieten, werden durch die Tendenzlehre uns leichter zugänglich gemacht. Wenn wir die wesentlichsten Triebfedern eines Menschen kennen, werden wir besser verstehen, warum er in der Berufsatmosphäre, im gesellschaftlichen Milieu oder im Familienkreise jeweils ein anderes Gesicht, warum er auch verschiedenen Menschen gegenüber eine verschiedene Einstellung zeigt.

Selbstverständlich handelt es sich nicht darum, die *Eigenschaftsbegriffe*, die sogenannten *statischen Elemente* der Persönlichkeit, aus der Welt zu schaffen und durch „*Trieb*"-begriffe zu ersetzen. Die Tendenzlehre soll vielmehr die Eigenschaftsterminologie ergänzen und differenzieren, die Eigenschaften in ihrer triebmäßigen Bedingtheit festlegen. Darüber hinaus aber werden immer noch statische Elemente übrig bleiben, wie z. B. sinnliche Deutlichkeit oder Blässe der Erinnerungsbilder, Kombinationsgabe, musikalische Fähigkeiten, zeichnerisches Talent, die genetisch nichts direkt mit dem Getriebe der Tendenzen zu tun haben.

Unsere betonte dynamische Auffassung steht in einer gewissen Parallele zur Theorie der *Psychoanalyse* insofern, als auch diese von *Triebkräften* spricht. Doch bestehen sehr wesentliche Unterschiede. Zum ersten kennt die Psychoanalyse außer den von ihr ja mit Recht betonten *Sexualtrieben* nur vereinzelte andere Triebmöglichkeiten (die sogenannten „Ichtriebe"), während sich doch diese zweifellos in ein ganzes Heer von *hierarchischen Tendenzen* zergliedern lassen. Zweitens möchte ich die Tatsache der *Struktur*, des *Aufbaus* der *Tendenzen*, des *Triebgefüges* noch mehr in den Vordergrund stellen, als es von der Psychoanalyse geschieht (die Sexualtriebe sind auch nur in das Gesamtgefüge eingebaut). Drittens lege ich auf die Tatsache besonderen Wert, daß die Triebe und Tendenzen *erbbiologisch* d. h. *anlagemäßig* begründet sind, und zwar nicht nur in ihrer Art und Richtung, sondern auch in ihrer Intensität und Entfaltungsmöglichkeit.

So gering diese Meinungsverschiedenheit bei oberflächlicher Betrachtung wohl scheinen mag, so hat sie doch weittragende Konsequenzen, die zu einer der Psychoanalyse wesensfremden Persönlichkeitslehre führen. Sehr deutlich kommt dies z. B. schon bei unserer Auffassung von dem Vorgang der *Sublimierung* zum Ausdruck. Die Psychoanalyse behauptet, daß der unbefriedigte Sexualtrieb einer Frau, hinaufgehoben aus den Tiefen des Vitalen auf eine geistige Ebene, in sublimierter Form etwa in der Pflege von Kranken und Hilfsbedürftigen seine Erfüllung finden könnte. Wir möchten diese „Verschiebung" ein wenig anders auslegen. Bei der Frau ist mit dem Sexualerlebnis die Befriedigung des weiblichen Hingabebedürfnisses aufs engste verbunden. Wir haben hier eine Bündelung des eigentlichen Sexualtriebes mit der Hingebungstendenz vor uns (auch andere Tendenzen, etwa der Bemächtigungstrieb, können eine derartige Verbindung mit dem Sexualtrieb eingehen). Muß aber das Weib aus irgendwelchen Gründen sexuell unbefriedigt bleiben, so kann die Hingebungstendenz, die keineswegs mit dem Sexualtrieb unlösbar gekoppelt ist, auch für sich oder in Verbindung mit anderen Tendenzen auf einer anderen Ebene Genüge finden. Damit ist zwar die Tatsache unbefriedigter sexueller Wünsche nicht aus der Welt geschafft (sie werden auch keineswegs verstummen), immerhin kann durch die Befriedigung einer lebenswichtigen Strebung eine gewisse innere Beruhigung erreicht werden. Ganz ähnlich verhält es sich, wenn etwa *ein Trieb* seine *Energie* einem *anderen* zuschiebt, wie die psychoanalytische Theorie lautet. Auch hier sind wir anderer Meinung. Es gibt Tendenzen, die ihrer Art und Richtung nach notwendig zusammen gehören und zusammen gehen müssen, wie z. B. Kampftrieb und Machttrieb oder Hingabetendenz und Unterordnungstrieb. Wenn die eine der gebündelten Tendenzen entfacht wird, kann auch die andere nicht zurückstehen. So kommt dann durch Summation ein Energiezuwachs zustande; stets aber nur bis zu dem Grade, der durch die den beiden Trieben innewohnende Intensität und Entfaltungskraft festgelegt ist.

Welche Persönlichkeitsstrebungen, welche Tendenzen und Triebe kennen wir? Man könnte, wie Kronfeld[1]) es tut, *vitale* und *seelisch-geistige Triebe* unterscheiden, obwohl die Grenze nicht immer scharf zu ziehen ist. Unbestritten zu den *vitalen Trieben* gehören der Nahrungstrieb, die primitiven Ichtriebe in weiterem Sinne (Halten, Fassen,

---

[1]) A. Kronfeld: Zur phänomenologischen Psychologie und Psychopathologie des Wollens und der Triebe. Jb. Charakterol. Bd. 4, S. 239. 1927.

Greifen, Sichbemächtigen = Angriffslust), der Sexualtrieb mit seinen Partialtrieben, wie Quällust (Sadismus), Leidenslust (Masochismus), Schaulust (sexuelle Neugier), Zeigelust (Exhibitionismus) und Verdeckungstrieb (Schamgefühl, Antiexhibition), der Fortpflanzungs- und der Arterhaltungstrieb. Vital kann auch der Hingabetrieb sein. Größere Schwierigkeiten bereitet die Einordnung anderer Triebe, da sie sowohl sich mehr vital als auch mehr geistig-seelisch äußern können. Ohne auf diesen Unterschied im einzelnen einzugehen, zähle ich eine Reihe der wichtigsten Triebe auf, wie sie der Sprachgebrauch uns an die Hand gibt: Selbsterhaltung, Selbstbehauptung, Selbstdurchsetzung, Selbststeigerung, Freiheit, Unabhängigkeit, Eigenliebe, Geltungssucht, Eitelkeit, Ehrgeiz, Machtgewinnung, Herrschsucht, Habsucht; andererseits Einordnung, Unterordnung, Hingabe, Aufopferung, Unterwerfung, Verehrung, Bewunderung, Staunen. Die *seelisch-geistigen Triebe* (die einer *höheren* „Schicht" angehören würden) wären charakterisiert durch die Richtung auf unmittelbare Verwirklichung von Wertgefühlen, Werthaltungen und Wertbewußtheiten, wie Kronfeld sich ausdrückt. Zu ihnen gehören vornehmlich Tendenzen der Selbstachtung (bzw. Selbstverachtung), der Selbstkritik, Selbstzucht und Selbstgestaltung. Viele dieser Tendenzbegriffe sind insofern sehr unfertig, als sie noch nicht scharf gegeneinander abgegrenzt sind. Dies wird eine besondere Aufgabe der zukünftigen Forschung sein.

Wenn wir die Sammlung der Triebe und Tendenzen überschauen, so wird man sich des Eindrucks nicht erwehren können, daß ein wenig von all den verschiedenen Strebungen fast jeder Mensch in sich hat. Doch brauchen wir keine Sorge zu haben, daß, wie mir einmal entgegengehalten wurde, die Lehre von den Tendenzen die Unterschiede zwischen den Menschen zu verwischen drohe. Schauen wir uns die einzelnen Menschentypen näher an, so erkennen wir zwar bei den meisten die verschiedensten Triebmöglichkeiten, doch immer wieder in anderer Form. Die wesentlichsten Unterschiede sind dadurch gegeben, daß die *einzelnen Tendenzen* in immer wieder verschiedenen *Gesamtpersönlichkeiten* eingebaut sind, d. h. daß sie in immer wieder verschiedenen *Beziehungen* zueinander stehen. Und wir vertreten die Auffassung, daß hierfür neben der *Art* und *Richtung* die anlagemäßig gegebenen Verschiedenheit der *Intensitäten* sehr wesentlich mit verantwortlich zu machen ist.

Die Bedeutung der Intensität wird vielfach verkannt. Betrachten wir z. B. verschiedene Menschen, die alle ganz offensichtlich einen *Machttrieb* besitzen, so kann diese Tendenz für die einzelnen von ganz verschiedener Bedeutung sein. Bei dem einen nimmt der starke Machttrieb eine ganz beherrschende Rolle ein, seine Intensität überragt alle anderen Triebe. Bei einem anderen ist der schwächere Machttrieb wesentlich von anderen Tendenzen zugedeckt, etwa von intensiven Tendenzen der Hingabe und Aufopferung, so daß er nicht recht zu Worte kommen kann. In einem dritten Falle wird der mäßig starke Machttrieb durch lebhafte Tendenzen der Lebenssicherung (Feigheit und Ängstlichkeit) gehemmt und wagt sich nur hervor, wo er sich sicher fühlt. Für die verschiedene Bedeutung des Machttriebes innerhalb der Gesamtpersönlichkeit ist sowohl seine Intensität als auch die Intensität aller anderen Tendenzen maßgebend, die ihrer Qualität nach zu ihm in irgendeiner Beziehung stehen.

Das Zusammenklingen aller Triebe und Tendenzen, nach ihrer Art und Qualität sowie nach ihrer Intensität und Ent-

faltungsmöglichkeit anlagemäßig festgelegt, macht einen wesentlichen Teil des Persönlichkeitsaufbaus aus.

Wir wollen nunmehr an Beispielen uns vergegenwärtigen, in welcher Hinsicht einzelne Tendenzen oder Tendenzkomplexe in ihrer *Tönung* und in ihrer *Aktivierung* durch das Eingefügtsein in eine bestimmte Struktur beeinflußt werden.

Sehr wichtig ist in bezug auf die *Tönung* das Ergebnis der Arbeit von J. E. STAEHELIN[1]) über den Exhibitionismus. Hinter der Exhibitionshandlung steckt eine Tendenz, die wir für gewöhnlich als *Exhibitionstrieb* bezeichnen. Dieser Trieb bekommt ein verschiedenes Gepräge, je nachdem in eine wie geartete Persönlichkeit er eingebaut ist. Stellen wir die näheren Motivationen bei den verschiedensten Typen fest, so sehen wir, daß manche Männer mit ängstlich-zaghaftem, scheu-unsicherem, femininem Wesen in erster Linie deswegen exhibitionieren, um dadurch sich ein Geltungsgefühl im Sinne forschen, männlichen, kraftbewußten Auftretens zu verschaffen. Ihr Stolz wird dadurch befriedigt, daß sie sich vor den Frauen als Mann demonstrieren, damit sie als Mann beachtet und bewundert werden könnnn. Andere in ihrer Struktur ganz ähnliche Typen, die ein lebhaftes Bedürfnis nach Beziehungen zum weiblichen Geschlecht haben, ohne es jedoch realisieren zu können, brauchen zu ihren onanistischen Manipulationen die (wenn auch distanzierte) Gegenwart einer Frau, wobei die Befriedigung ganz unabhängig davon bleibt, ob sie beachtet werden oder nicht. Eine dritte Gruppe von Exhibitionisten (energische, aktive, gewalttätige Naturen), für welche die Möglichkeit normaler sexueller Befriedigung charakteristisch ist, zeichnet sich dadurch aus, daß sie, aus irgendwelchen Gründen, beseelt

---

[1]) J. E. STAEHELIN: Untersuchungen an 70 Exhibitionisten. Z. Neur. Bd. 102, S. 464. 1926.

von Erbitterung und Verachtung gegen das weibliche Geschlecht, Entrüstung hervorrufen wollen; hier liegt das Moment der Befriedigung in der Aggression. Häufig spielt bei diesen Exhibitionisten noch eine gewisse sadistische Freude mit herein, sexuell unentwickelte oder doch unerfahrene und unberührte weibliche Personen als Objekt vor sich zu haben. Ein vierter Typus, seiner Veranlagung nach weich, nachgiebig, anhänglich, opferbereit und unterwürfig, neigt zu wollüstigen Märtyrerphantasien und befriedigt durch Exhibition seine masochistischen Bedürfnisse; er will ebenfalls Entrüstung hervorrufen und von den Frauen beschimpft werden, erst dann empfindet er den ersehnten wollüstigen Schmerz.

Die verschiedenen *Tönungen* des *Exhibitionstriebes* kommen durch jeweils verschiedene *Bündelungen* mit *anderen Trieben* zustande, deren Strebungsenergie in die Exhibitionshandlung mit einläuft. Um es kurz auf den Begriff zu bringen, ist bei den einzelnen Typen der Exhibitionstrieb gekoppelt 1. mit einem aus Insuffizienzgefühlen erwachsenden männlichen Geltungsbedürfnis; 2. mit einem gewissen sexuellen Anknüpfungsbedürfnis, das aber durch irgendwelche Hemmungen sich nicht entfalten kann; 3. mit aggressiven, sadistischen Tendenzen; 4. mit der Neigung zu masochistischen Erlebnissen. Selbstverständlich fließen noch andere Triebe in die Exhibitionshandlung mit ein, wir greifen nur die wesentlichen heraus. Alle vier Typen zählen zu den Exhibitionisten, und bei jedem bekommt der Exhibitionstrieb durch das Zusammenklingen mit anderen persönlichkeitswichtigen Tendenzen ein eigenes Gepräge. Es scheint jedenfalls nach den Charakterschilderungen so zu sein, daß stets intensive, auch sonst wirksame Strebungen sich mit dem Exhibitionstrieb verbinden.

Betrachten wir ferner noch die *Aktivierung* eines Triebes. Man spricht bei ihr von Verschiedenheiten hinsichtlich der Ansprechbarkeit, Entladungsbereitschaft, Erschöpfbarkeit und Beherrschbarkeit (s. KRONFELD). Wir übersehen hier die Möglichkeiten noch nicht genügend, da eingehende Untersuchungen fehlen. Immerhin läßt sich soviel sagen, daß auch der Ablauf einer Triebaktion nicht allein von dem betreffenden Trieb selbst abhängig ist, sondern unter ständiger Kontrolle anderer Triebe steht. Schwer ansprechbar sind wohl alle schwachen Tendenzen, sofern sie nicht von anderer Seite eine Unterstützung erfahren; vor allem dann, wenn ihnen noch Hemmungen entgegenstehen (etwa schwache Rachsucht zugedeckt durch Ängstlichkeit und Selbstbeherrschung). Rasche Ansprechbarkeit wird man in der Regel bei intensiven Strebungen finden. Sie wächst an mit dem Grad des Fehlens von Hemmungen. Andererseits können auch Bündelungen mit anderen Tendenzen die Ansprechbarkeit steigern (z. B. Hingabe verstärkt durch Unterordnung). Einmal aktiviert, wirkt sich ebenfalls die betreffende Tendenz nicht (oder meistens nicht) rein nach ihrer Eigengesetzlichkeit aus, sondern wird weiterhin durch das Gesamtgefüge mit geleitet. So kann die Entladung infolge von Hemmungen eingeschränkt oder gar vollständig unterbunden werden. Sie kann sich erschöpfen, wenn plötzlich andere Tendenzen entfacht werden. Sie kann zu ungeheurer Gewalt anwachsen, wenn alle Hemmungen schweigen, oder wenn durch Bündelung eine Summation zustande kommt.

Dringt eine Tendenz bis zu der ihr entsprechenden Befriedigung (Entladung) vor (z. B. die Aggressionstendenz, die eine entsprechende Herabsetzung bzw. Vernichtung des Gegners erreicht hat), so kann sie, dadurch gesättigt, sich zufrieden geben. Das Individuum wird von ihr nicht mehr „belästigt“. Erfüllte Tendenzen können einen Zustand ruhigen Behagens zur Folge haben. Anders aber, wenn aus irgendwelchen inneren Gründen der Hemmung eine Erfüllung nicht möglich ist. Unerfüllte Tendenzen beunruhigen unser Inneres und vergewaltigen die Phantasie. Sie streben danach, sich „wenigstens“ in der Phantasie auszuleben und finden trotzdem ihre Befriedigung nicht. Dies kann z. B. der Fall sein, wenn Selbstbeherrschung (gegründet auf Selbsterhaltung, Vorsicht und Unterordnung) der berechtigten Aggression gegen einen Mächtigeren die Erfüllung versagt. Dieser Unmöglichkeit der Realisierung, bei der die Rücksicht auf Umweltsfaktoren von einer gewissen Bedeutung ist, stehen Fälle einer reinen inneren Hemmung gegenüber, wie ich sie bei einem eingehend analysierten Beispiel[1]) aufzeigen konnte. Es bestand hier eine starke innere Kontrastspannung zwischen den beiden Komplexen: Selbsthingabe und Selbstbehauptung (Ichisolierung). Letztere, in extremster Form ausgebildet, suchte jeden Versuch einer Erfüllung der Hingabe zu erdrosseln, so daß diese in quälender Sehnsucht die Phantasie beunruhigte. Die Patientin war zwar imstande, die Hingabe innerlich, und zwar sehr intensiv, zu erleben, doch war und blieb sie unfähig, diese Tendenz zu realisieren bzw. gelang es ihr nur an untauglichen Objekten, wodurch sie sich wieder der eigentlichen Realisierung entzog[2]).

---

[1]) H. Hoffmann: Charakterantinomien und Aufbau der Psychose. Z. Neur. Bd. 109, S. 79. 1927. Es handelt sich hier um die Darstellung der psychologischen Analyse einer schicksalsmäßigen Krankheitsentwicklung.

[2]) Im Gegensatz zur Erlebnisunfähigkeit bzw. schwachen Erlebnisfähigkeit, die wohl stets mit einer sehr minimalen Triebgrundlage Hand in Hand geht, kann Realisierungsunfähigkeit bei intensiven Trieben und Tendenzen gegeben sein.

Die zukünftige Forschung wird sich mit dieser Frage der Ablaufsweise und Äußerungsform von Tendenzen und ihrer Abhängigkeit von dem Gesamtgefüge noch genauer zu beschäftigen haben. Vergessen wir nicht, daß hier die jeweilige momentane Gesamtverfassung des Individuums von großer Bedeutung ist. Strukturverschiebungen können wieder Verschiedenheiten der Tendenzaktion mit sich bringen.

Die verschiedenen *Möglichkeiten* einer inneren *Beziehung* von *Tendenzen* liegen gleichfalls noch sehr im Dunkeln. Tendenzen ähnlicher Art und Richtung unterstützen sich gegenseitig, wie z. B. Unabhängigkeitsdrang und Angriffslust (*Nebenordnung*); eine Hemmung (*Gegenordnung*) können Tendenzen entgegengesetzter Art und Richtung aufeinander ausüben (Angriffslust und Gefahrschutzinstinkt), wobei es auf das gegenseitige Intensitätsverhältnis ankommt, welche von beiden sich durchsetzt. Von *Überordnung* würden wir sprechen, wenn etwa die Aggression durch Selbstbeherrschung niedergehalten wird. Diese Beziehung wäre vom Standpunkt der Aggression aus gedacht eine *Unterordnung*. Ferner sind uns Fälle einer eigentümlichen *Abhängigkeitsordnung* oder *Bedingtheitsordnung* bekannt. Ich denke an das Beispiel, bei dem Hinwendung und Helfen sich nur dann realisieren können, wenn gleichzeitig die Eitelkeit befriedigt wird. Bleibt aber die letztere Tendenz unerfüllt, so kann auch die erste nicht zu Wort kommen. Die oben erwähnte polare Beziehung zwischen extremster Selbsthingabe und Selbstbehauptung, bei der weder in der einen noch in der anderen Einstellung eine befriedigende Erfüllung liegt, möchten wir als *antinomische Ordnung* bezeichnen. Häufig stehen derartige Antinomien zueinander in *Kompensationsordnung*, wenn nämlich die eine der polaren Tendenzen (verurteilt durch Selbstachtung, Ehrgeiz oder Geltungsdrang) von der anderen überdeckt wird, wobei letztere sich in der Regel gewaltsam übersteigert (s. Problem des Charakteraufbaus).

Wir haben schon darauf hingewiesen, daß wir heute noch nicht in der Lage sind, *den Gesamtaufbau einzelner Persönlichkeitstypen* zu übersehen. Die spärlichen Versuche in dieser Richtung haben sich stets mit mehr oder weniger umfassenden *Teilstrukturen* begnügen müssen. Wir wollen uns nunmehr einzelnen Beispielen zuwenden, die uns einen Einblick verschaffen sollen in den tendenzmäßigen *Aufbau* von psychischen *Einzeleigenschaften* oder *Einzelsymptomen*. Es ist bekannt, daß sie in der Regel, wie die Psychoanalyse sich ausdrückt, mehrfach determiniert sind.

ABRAHAM[1]) berichtet von einer Patientin, der eine starke *Vorliebe für dunkle Räume* eigen war. Sie hatte dadurch mehrfachen Gewinn: einmal entzog sie sich durch diese „Weltflucht" den Anforderungen der Wirklichkeit und der Notwendigkeit an dem pulsierenden Leben teilzunehmen, ferner kam sie so der Abneigung gegen den sie verletzenden „strahlenden Glanz" der anderen Menschen entgegen, drittens fühlte sie darin die Genugtuung einer Selbstbestrafung im Sinne des Lebendigbegrabenseins und viertens wurde das Bedürfnis nach Geheimnisvollem, Übersinnlichem, Mystischem befriedigt. Die verschiedensten Strebungen fließen in diesem Symptom zusammen; es ist aufgebaut aus asthenischer Selbsterhaltung (Abwehr gegen die störenden Verpflichtungen der Außenwelt und die Überlegenheit der Mitmenschen, denen sie in ihrer mangelnden Widerstandskraft nicht gewachsen war), aus asketischer Selbstbestrafung und aus dem Trieb zum Mystischen, wenn wir die wesentlichsten

---

[1]) K. ABRAHAM: Über Einschränkungen und Umwandlungen der Schaulust. Jb. Psychoanalyse Bd. 6, S. 25. 1914.

Tendenzen grob hervorheben. Eine genaue Analyse würde wohl noch zu einem wesentlich komplizierteren Ergebnis führen.

Als zweites Beispiel wähle ich den sogenannten *Onaniekomplex* (schlechtes Gewissen wegen Onanie), in den ebenfalls eine Reihe von verschiedenen Strebungen eingehen können. Die Hauptmotive sind Gefühle der Verfehlung durch die Onanie gegen Gott und die Naturgesetze (Unnatur und Ungesetzlichkeit), gegen die Gesellschaft und endlich gegen die eigene Gesundheit. Tendenzmäßig ausgedrückt würden wir sagen, daß einmal das Streben nach Einheit mit der Natur (Unterwerfung unter die göttliche Allmacht), ferner die Tendenz nach Erhaltung der menschlichen Gemeinschaft und endlich die Selbsterhaltung im Sinne der Fürsorge für das Gut der eigenen Gesundheit die Grundlage bilden. Dieser Tendenzbündelung steht der Sexualtrieb gegenüber, der in ichsüchtiger Weise ohne Hingabe an einen Geschlechtspartner befriedigt wird, dadurch mit den erwähnten drei Tendenzen in Widerstreit gerät und lebhafte Angst- und Schuldgefühle zur Folge hat. Hinzu springen noch andere Tendenzen, die wir unter dem Begriff der Selbsteinschätzung und Fremdeinschätzung zusammenfassen wollen (Bedürfnis nach Selbstachtung und Fremdachtung: ich muß mich vor mir selbst schämen — was würden die Leute sagen), die erst die drei Tendenzen zu einer moralischen Verpflichtung erheben. Angst- und Schuldgefühle zusammen können dann zu asketischer Selbstbestrafung führen. Die Motive der als statisch erlebten Gefühle wurzeln in dem dynamischen Tendenzaufbau, der in der geschilderten Art — wenn auch nicht immer, so doch häufig — gegeben ist.

In dem angeführten Fall KÖNIG habe ich den Tendenzaufbau der beiden Komplexe: *übersteigerte Hingabesehnsucht* und *übersteigerte Ichisolierung* studieren können. Die übersteigerte Hingabe ist keine gewöhnliche Hingabe, bei der immer noch das Ich in seiner Einheit gewahrt bleibt, vielmehr hat sie das Ziel einer vollkommenen Ichaufgabe bzw. Ichauflösung. Es handelt sich sicherlich um eine Koppelung der Hingabetendenz mit anderen Strebungen, durch die erst die Hingabe zur Selbstaufgabe umgewandelt wird; und zwar schien in dem erwähnten Falle die Hingabe verbunden mit der Tendenz zur Unterordnung, ferner mit Einschlägen masochistischer Art (Freude am Überwältigtsein bis zu völliger Willenlosigkeit) und endlich mit dem Bedürfnis nach Ichentwertung bis zur völligen Ichverneinung. Als Gegengewicht gegen dieses komplexe Streben nach Ichauflösung wirken dann egozentrische Ichisolierungstendenzen, die vor der ichverneinenden übersteigerten Hingabe (übersteigerte Extraversion nach JUNG) schützen sollen. Diese Ichisolierung kam in unserem Falle gleichermaßen wieder durch eine Tendenzbündelung zustande, in der sich Strebungen narzistischer Selbstbehauptung und Unabhängigkeit mit Auflehnungs- und Machttendenzen verbanden. — Vielleicht dürfen wir in dieser Antinomie zwischen übersteigertem Hingabedrang und übersteigerter Ichisolierung eine wesentliche Eigentümlichkeit einer bestimmten Teilgruppe, der sogenannten *schizoiden* Typen erblicken. Wenn wir uns den Aufbau der beiden komplexen Strebungen recht vergegenwärtigen, so ist es ohne weiteres klar, daß es nur schwer zu einer befriedigenden Lösung des Konflikts kommen kann, daß zur Abwehr der Hingebungsgefahr ein extremer Autismus aufgerichtet werden muß, wenn nicht die Existenz des Individuums in Frage gestellt werden soll[1]).

---

[1]) *Charakterantinomien* (d. h. gegensätzliche Tendenzen, die in starker Kontrastspannung zueinander aufgebaut sind, also mit

Nicht minder kompliziert ist die Struktur anderer Erscheinungen aufgebaut. Zunächst die *hypochondrische* Einstellung. Der Hypochonder (vielleicht alle oder nur bestimmte Typen) lebt ebenfalls in einer bestimmten Antinomie. Auf der einen Seite steht das Bedürfnis nach Kraftgefühl, nach besonderen Leistungen und Kraftäußerungen. Dieser Komplex, hinter dem in erster Linie Aktivitätsbedürfnis und Leistungsehrgeiz stehen, wird besonders deutlich bei *den* hypochondrisch veranlagten Menschen, die trotz ihrer Hypochondrie immer oder zeitweise in höchster Leistungsspannung leben. Mit diesem Drang nach Vitalität kontrastiert eine gewisse Lebensängstlichkeit, die sich hinsichtlich der Vitalität in pessimistischen Befürchtungen ergeht und zu narzistischer Selbstbeobachtung des eigenen Körpers führt. Es kommt auf das Kräfteverhältnis dieser beiden gegensätzlichen Komplexe an, ob der Hypochonder leistungsfähig ist, oder ob er zu den abulischen Psycho-

---

lebhafter Intensität gegeneinander wirken) besitzen zweifellos eine Affinität zu krankhaften Störungen (s. auch A. STORCH: A. STRINDBERG im Lichte seiner Selbstbiographie. Grenzfrag. Nerv.- u. Seelenleb. H. 111). Sie kommen erbbiologisch, wie ich zu zeigen versuchte (Eine Theorie der Pathogenese im Gebiete der Psychopathologie. Z. Neur. Bd. 103, S. 730. 1926), durch „Keimfeindschaft" (Kombination von Keimmassen, die qualitativ und quantitativ nicht harmonisch aufeinander abgestimmt sind) zustande. Die Antinomien können sehr verschiedener Art sein, und die verschiedenen Formen antinomischer Charaktere unterscheiden sich dadurch, daß immer wieder verschiedene Gegensatzpaare eine beherrschende Stellung einnehmen. Bei dem einen steht etwa die Antinomie Unterwerfung—Verehrung und Unabhängigkeitsdrang—Machttrieb im Vordergrund, beim anderen Hingabe und Ichisolierung, beim dritten Selbstüberschätzung und Ichentwertung oder Selbstdisziplin und weichliches Sichgehenlassen usw. Stark gespannte Antinomien bedingen eine hochgradige Empfindlichkeit in der betreffenden Richtung.

pathen zählt. Ein derartiger antinomischer Aufbau erklärt uns auch die eigentümliche Tatsache, daß energische, tatkräftige Menschen gelegentlich bei geringfügigen Anlässen in eine hypochondrische Verstimmung versinken.

Während sich bei der Hypochondrie die Antinomie mehr in der Sphäre des Vitalen hält, betrifft die *paranoide Einstellung* das Persönlichkeitsbewußtsein. Auch hier steht auf der einen Seite ein expansiver Komplex, der sich wohl in erster Linie aus Selbstüberheblichkeit, Geltungssucht, Machtbedürfnis und Kampfeslust zusammensetzt. Die Entwertung bzw. Verfolgung durch die anderen ist Widerspiegelung einer (nicht immer, aber häufig *verdrängten*) *Ichentwertung*. Das vermeintliche mangelnde Wohlwollen der Mitmenschen stellt sich dementsprechend als Spiegelbild des eigenen Mangels an Wohlwollen (Expansiver Komplex, Aggressivität) dar. Die Feindseligkeit der anderen ist die logische Folge der mangelnden persönlichen Hingabe an die anderen (s. die Arbeiten O. KANTS[1])), deren Ahndung wiederum ohne Tendenzen zur Selbsteinengung und Selbstbestrafung (bzw. Überwältigung) nicht denkbar ist. Das Wesentlichste ist und bleibt dabei, daß diese ichnegativen Tendenzen in der Projektion nach außen als Verneinung durch die anderen ihre Erfüllung finden, wofür wir zunächst noch keine aufbaumäßige Erklärung geben können. Je mehr die paranoiden Typen den sensitiven zuneigen, desto mehr erkennen sie den anderen das Recht der Verurteilung zu. Doch gibt es hier bei ein und derselben Person Schwankungen und Entwicklungen (s. GAUPP: Hauptlehrer WAGNER).

---

[1]) O. KANT: Beiträge zur Paranoiaforschung. I. Die objektive Realitätsbedeutung des Wahns. Z. Neur. Bd. 108, S. 625. 1927.

Endlich betrachten wir noch den Aufbau von *Zwangssymptomen*, die ich in dem schon mehrfach erwähnten Falle KÖNIG eingehend analysieren konnte. Ich habe dort „ichsüchtige" und „altruistische" Zwangsangst unterschieden. Unter dem ersteren Begriff verstehe ich die Angst vor irgendwelcher Blamage oder vor persönlicher Gefahr, die zu den mannigfachsten Abwehrmaßnahmen (z. B. Kontrollzwang) führt. Es sind dabei die Kontrasttendenzen wirksam: Ichentwertung und Selbstschädigung — Selbsterhaltung und Narzismus. In der sogenannten „altruistischen" Zwangsangst (Angst vor Schädigung anderer) sind Fremdschädigungstendenzen enthalten, denen ein komplexer Hemmungsmechanismus von sozialen und selbsterhaltenden narzistischen Tendenzen (Mitgefühl, Angst, Selbstachtung) gegenübersteht; die Folge dieser Antinomie sind Auswirkungen des Strebens nach Ichentwertung und Selbstbestrafung (Schuldgefühle, Bußhandlungen). Hinzukommen muß in beiden Fällen eine lebhafte kombinatorische Phantasie. Darüber hinaus aber wirkt sich der Konflikt der Strebungen, der in den meisten Fällen unlösbar ist und bleiben muß, in sogenanntem magischem Sinne aus. Die Fremdschädigungsphantasien werden infolge magischer Einwirkung auf die Umwelt zu tatsächlichen Schädigungsmöglichkeiten, die eine Schicksalbestrafung nach sich ziehen würden, falls nicht durch bestimmte schematisierte (formelhaft gewordene) Buß- und Sühnemechanismen (Selbstbestrafung, Leidenssucht) eine günstige Beeinflussung des Schicksals erstrebt wird. Die Ichtendenzen bekommen in dieser magischen Auswirkung (d. h. unter Beteiligung der magischen Erlebnisschicht), der die Ratio sich zwar immer wieder entgegenstellt, in gewissem Sinne die Gestalt von Schicksalsherausforderung (Aggressivität), Schicksalsbestrafung (Selbstschädigung, Leidenssucht) und Schicksalsbewirkung (Selbsterhaltung, Machttrieb). In äußerst komplizierter Form sind die verschiedensten Tendenzen bei den Zwangssymptomen miteinander verflochten.

Mir lag daran, durch die *Aufbauanalyse* von *Einzeleigenschaften* und *Einzelsymptomen* zu zeigen, daß schon relativ *einfache psychische Erscheinungen* sich stets (auch wenn man nur die wichtigsten Elemente in Betracht zieht) aus *mehreren Tendenzen* zusammenfügen, daß jedoch in *komplizierteren Symptomen* kaum entwirrbare *Bündelungen* der *verschiedensten* und *häufig antinomischen Strebungen* enthalten sind. Seien wir uns darüber klar, daß die hier wiedergegebenen analytischen Versuche nur ganz bescheidene Anfänge darstellen, die den Schwierigkeiten in nur sehr mäßigem Grade gerecht werden. Ein Fortschritt wird nur durch gründlich durchgeführte *Einzelanalyse* möglich sein. Dabei sind wir in hohem Maße auf die *Selbstbeobachtung* und *Selbstanalyse* der betreffenden Persönlichkeiten angewiesen. Sie soll selbstverständlich nicht unsere einzige Stütze sein; denn wir wissen ja, wie sehr der Mensch bei der Ergründung der Motive seines Denkens, Fühlens und Verhaltens Täuschungen unterworfen sein kann. Ganz besonders gilt dies für alle Typen, die zu starker Verdrängung neigen und daher in der Regel ganz andere Motivationen erleben, wie es den eigentlichen Triebkräften entspricht (vor allem paranoide und hysterische Typen). Am meisten können wir uns auf die Angaben der Menschen verlassen, die in hohem Maße ehrlich gegen sich selbst sind, und das geht wohl Hand in Hand mit dem Grad an Sensitivität, die wiederum eng mit der Tendenz zur eventuellen Ichherabsetzung zusammenhängt. Alle Selbstschilderungen müssen daher ihre notwendige Ergänzung erfahren durch die objektive Beobachtung des Verhaltens, die sehr wesentliche Korrekturen zur Folge haben kann. (K. LEWIN setzt sich in seiner Arbeit: „Vorsatz, Wille und Bedürfnis" eingehend mit dieser Frage auseinander). An dieser Stelle möchte ich ein kurzes Wort über die *Phänomenologie* einschalten. Die phänomenologische Gegebenheitsweise bestimmter Erlebnisse und Erlebnisarten kann uns allein nicht befriedigen. Sie soll gewiß nicht vernachlässigt werden. Ebenso wichtig, ja noch wichtiger aber dünkt uns die Frage, durch welche Bedingungen, auf Grund welcher Motivationen die verschiedenen Erlebnisarten zustande kommen. Darin sehen wir eine wichtige Aufgabe der *Persönlichkeitsforschung*, in den *statischen Erscheinungen* und *Erscheinungskomplexen* auch die zugehörigen *dynamischen Kräfte* zu erfassen.

Es ist viel vom Aufbau die Rede gewesen, und doch vermissen wir noch das wesentliche *Charakteristikum* eines *Aufbaus*, nämlich die *Gliederung* nach *Elementen* oder *Einheiten niederer* bzw. *höherer Ordnung*. Zunächst vermögen wir bei den Trieben, wie schon oben erwähnt, die niederen *Vitaltriebe* von den höherschichtigen *seelisch-geistigen Trieben* bzw. *Tendenzen* (KRONFELD) zu unterscheiden, die auf unmittelbare Verwirklichung von Wertgefühlen, Werthaltungen und Wertbewußtheiten eingestellt sind.

Wenn wir bei diesen letzteren noch ein wenig verweilen wollen, müssen wir zunächst einmal gewisse, bisher vernachlässigte Unterschiede zwischen den verschiedenen erwähnten Tendenzen ins Auge fassen. Im Gegensatz etwa zum Machttrieb, zur Geltungssucht oder zur Einordnung, Unterwerfung, Verehrung haben wir Tendenzen kennengelernt, die nicht an *fremden Objekten*, sondern am *eigenen Selbst* ihre Erfüllung finden; wie etwa Selbstüberschätzung, Selbstentwertung, Selbstachtung, Selbstgestaltung oder Selbstbestrafung. Es sind dies Tendenzen, die, man sagt wohl am besten, von einem Ichzentrum (PFÄNDER) ausgehen und sich zu dem eigenen Selbst einstellen. Erlebnismäßig liegt hier der Vorgang einer durchaus normalen Spaltung der Persönlichkeit zugrunde, der auch in vielfachen sprachlichen Formeln zum Ausdruck kommt; z. B. ich beobachte mich, ich liebe oder hasse mich, ich bemitleide und schone mich, ich lasse mich gehen, ich beherrsche, zwinge oder vergewaltige mich. Stets handelt es sich darum, daß sich das Ich in Auseinandersetzung mit sich selbst befindet und irgendwie mit sich verfährt. Er schaut sich von einer höheren Warte aus das unter ihm wogende Getriebe an, stimmt zu oder ist gar von ihm begeistert, läßt es unter Umständen resigniert gewähren oder strebt in Mißbilligung und Entrüstung eine Bewirkung zum Guten an, wenn nicht gar eine tiefe Selbstverachtung zu selbstfeindlichen Regungen führt.

Wir wollen nunmehr untersuchen, wie diese auch bei der gleichen Persönlichkeit häufig wechselnden Einstellungen zum eigenen Selbst zustande kommen. Die Psychoanalyse nennt das, was wir hier im Auge haben, *Idealich* und behauptet, daß es sich aus sogenannten Elternidentifikationen aufbaut. An ihm versucht der Mensch seine Einstellung zum eigenen Selbst zu orientieren, so heißt es in der psychoanalytischen Theorie. Wenn wir uns diesen Begriff zu eigen machen, so ist zunächst festzustellen, daß das Idealich von einem bestimmten inneren Gehalt erfüllt ist. Nach unserer Meinung ist das Idealich nicht von den Eltern oder von sonstigen imponierenden Persönlichkeiten übernommen, vielmehr geht sein Gehalt auf bestimmte Anlagenkräfte zurück[1]).

---

[1]) Dies gilt auch für den Fall, daß Ideale scheinbar übernommen werden. Ein Mensch übernimmt in der Regel nur solche Ideale,

Das Idealich kann sehr verschieden sein. Der eine ist besonders darauf bedacht, einem *moralischen Idealich* nachzuleben, jede Abweichung des tatsächlichen Verhaltens verletzt sein Selbstgefühl (s. auch HAEBERLIN[1]): der Gegensatz von der tatsächlichen Stellung im Leben und der Einstellung zum Leben, d. h. des Zurückkommens auf sich selbst). Der andere hat ein *Machtideal*, der dritte ein *Leistungsideal*, der vierte ein *Ideal* des *Genießens* in niederer animalischer oder höherer ästhetischer Form. Ein Mensch kann mehrere Ideale haben, denen er nachstrebt; oft ist dann ihre Bedeutung für den Gesamtaufbau der Persönlichkeit verschieden, etwa ist das eine beherrschend, das andere nimmt eine mehr periphere Stellung ein. Auf das *enttäuschte* und dadurch *verletzte Idealich* gehen alle die mannigfachen Färbungen von *Schuld-* und *Minderwertigkeitsgefühlen* zurück, die einen so breiten Raum in der Persönlichkeitslehre einnehmen.

Wie baut sich das Idealich auf; d. h. wie kommt es bei einem Menschen zu einem ganz bestimmten Idealich? Das *moralische Idealich* z. B. (wir wählen dieses in erster Linie, weil es in der Psychopathologie von so großer Bedeutung ist) braucht eine Grundlage von moralischen Tendenzen. Setzen wir den Fall, ein Mensch besitzt starke Aggressivitäts- und Machttendenzen, so vermag er sie bei einer bestimmten von feineren moralischen Regungen freien Struktur auch rücksichtslos und skrupellos auszuleben; er hat (wenn überhaupt) ein amoralisches bzw. antimoralisches Idealich. Anders ist die Situation, wenn die expansiven,

---

die seinem Wesen entsprechen. Sollte es doch einmal anders sein, so kommt darin zum mindesten eine intensive Tendenz der Unterordnung, Unterwerfung und Verehrung zum Ausdruck.

[1] P. HAEBERLIN: Der Charakter. Basel: Verlag Kober, C. F. Spittlers Nachfolger 1925.

ichsüchtigen Tendenzen kontrastiert sind von lebhaften Regungen des Mitgefühls, der Hingebung und sonstigen sozialen Strebungen. Diese Antinomie gibt eine Basis ab, auf der ein moralisches Idealich wohl gedeihen kann (die Antinomie ist kaum eine notwendige Vorbedingung des Idealich: ich wähle diesen Fall nur, weil sich an einem derartigen, wie wir sehen werden „übersteigerten" Idealich manches besser zeigen läßt). Doch ist es auch damit noch nicht endgültig getan. In dem Begriff des moralischen Idealichs liegt es, daß sich das „Ichzentrum" mit den Zielen der altruistischen-sozialen Triebe identifiziert und sie zu sittlichen Forderungen an das eigene Selbst erhebt. Es ist eine Einstellung notwendig (außer der Antinomie, aus der an sich nur ein haltloses Hin- und Herpendeln zwischen den beiden Extremen resultieren würde), die etwas vom eigenen Ich verlangt und dieses Verlangen auch durchzuführen sucht. Und diese Einstellung führen wir zurück einmal auf eine Tendenz, die wir *Selbstachtung* nennen; sie wird häufig (nicht immer) unterstützt noch von dem Bedürfnis nach Achtung und Anerkennung bei anderen, von der in manchen Fällen sogar die Selbstachtung fast ausschließlich abhängig ist. Außerdem sind Tendenzen der *Selbstdisziplin* und *Selbstgestaltung* (Beherrschung bzw. Entfaltung und Entwicklung des eigenen Selbst) erforderlich, um ein erfolgreiches Eingreifen zu ermöglichen.

Je nach dem Intensitätsverhältnis der untergeordneten antinomischen und der übergeordneten das Selbst bewertenden und bewirkenden Tendenzen ist das Resultat ein sehr verschiedenes. Erstens pflegt sich im Idealich gern *das* Extrem der antinomischen Strebungen oder Strebungskomplexe durchzusetzen, das die größere Wucht in sich trägt. Zweitens hängt die Entscheidung sehr von der

Empfindlichkeit der Selbstachtung ab. Die Selbstachtung ist Narzismus in sublimierter geistiger Form und sorgt dafür, daß „Schönheitsfehler" korrigiert bzw. ganz aus der Welt geschafft werden. Verurteilt werden durch die Selbstachtung alle Tendenzen, die sich in Widerspruch mit der vorwiegenden Grundhaltung der *Gesamt*struktur befinden; nicht etwa immer nur die ichsüchtigen Persönlichkeitselemente, sondern häufig auch die sogenannten „altruistischen", je nachdem welcher Komplex zu einer leitenden Rolle drängt. Je mehr das Gleichgewicht der kontrastgespannten moralischen Antinomien in der Schwebe ist, desto leichter kommt es zu Verletzungen der Selbstachtung, sofern diese ebenfalls lebhaft wirksam ist. Und sie hat eine um so größere Wirksamkeit im Sinne des schlechten Gewissens, wenn in ihrem Hintergrunde die Tendenz der Selbstverneinung lauert. Diese tritt in Tätigkeit, sobald die narzistische Selbstachtung ins Wanken gerät und begeht dabei nicht selten Übertreibungen und Verfälschungen in negativem Sinne. Ohne selbstverneinende Einstellung ist das Erlebnis von Schuld- und Minderwertigkeitsgefühlen unmöglich. Ist dagegen die Selbstverneinung sehr schwach ausgeprägt, so setzt sich mit der Selbstachtung die Neigung durch, zu retouchieren, d. h. Schönheitsfehler zu verdrängen und dadurch vor sich selbst unsichtbar zu machen, was Zufriedenheit ·oder gar Selbstüberhebung zur Folge hat. Verdrängung und Selbstkritik schließen sich aus; letztere aber bedarf der Fähigkeit einer herabsetzenden Einstellung zum eigenen Selbst. Kommt zu ihr noch ein lebhaftes Leidensbedürfnis (sublimierter Masochismus) hinzu, so schwelgen die Betreffenden in ihren Selbstvorwürfen, ohne überhaupt an einen erfolgreichen Ausgleich zu denken, ja sie begeben sich unter Umständen auf die Bahn der Selbstbestrafung und kasteien sich für die Sünde durch allerhand Buß- und Sühnemechanismen. Bei Versinken in dem Erlebnis der Schuld macht sich häufig ein Bedürfnis bemerkbar, sich vor anderen bloßzustellen (sublimierter Exhibitionismus); gelegentlich auch mit dem Ziel, durch Bestätigung einer positiven Achtung von seiten der anderen tröstenden Zuspruch zu erfahren.

Die Erfüllung der Forderungen, die ein moralisches Idealich dem Selbst auferlegt, kann erfolgreich nur gedeihen, wenn Selbstverneinung und Selbstbestrafung nicht so stark ausgeprägt sind, daß die Aktivität in Schuldgefühlen, Büßen und Sühnen lahmgelegt wird. Dann aber vermögen sich Selbstdisziplin und Selbstgestaltung fruchtbar auszuwirken. Der disziplinierte Mensch ist darauf bedacht, ein Durchbrechen der verurteilten Persönlichkeitselemente zu verhindern. Ist er vorübergehend „schwach" gewesen, so setzen die Bemühungen der Selbstgestaltung ein, die ihn dazu veranlassen, an sich zu arbeiten und die ichsüchtigen Regungen auf alle Weise zu bekämpfen. Ohne Selbstgestaltung ist eine Förderung auf der Bahn zum moralischen Idealich unmöglich. Sind dagegen diese Bestrebungen mehr oder weniger erfolglos, dann werden Schuldgefühle die Folge sein.

Nur mit größter Mühe vermögen wir solche und ähnliche komplizierte Tendenzsituationen einigermaßen zu erfassen, wobei die Vorstellung von dem Aufbau vorläufig noch eine sehr vage bleibt. Gewissenhaftes empirisches Studium wird mit der Zeit mehr Klarheit und Sicherheit bringen.

Wir hatten gesagt, daß die Selbstachtung ihr Ziel findet in der vorwiegenden Grundhaltung der Persönlichkeit (es braucht nicht nur eine zu sein). Dabei kommt ein positives moralisches Idealich nicht nur durch die Wucht altruistischer Tendenzen zustande, unterstützend können noch andere Strebungen wirken, wie z. B. Lebenssicherung und Gefahrschutzinstinkte, die vor den Folgen einer amoralischen Haltung warnen. Je größer das Übergewicht des „Ichzentrums" dem Selbst gegenüber ist, desto mehr kann auch die rationale Überlegung zu Worte kommen, die allerdings in ihrer Richtung auf die vorhandenen Tendenzen angewiesen bleibt; dabei greift die sogenannte Lebenserfahrung mit ein, wiederum im Sinne der Persönlichkeitsstrebungen (man behält in erster Linie die Erlebnisse, und es können nur solche Erfahrungen nachhaltig wirksam sein, denen eine tendenzmäßige Resonanz entgegen kommt). Der bekannte Unterschied zwischen Trieb- und Willenshandlungen geht auf das Eingreifen der höheren geistigen Tendenzen zurück, die überhaupt erst eine Entscheidung im „Kampf der Motive" ermöglichen.

Behandeln wir kurz noch den Fall eines nicht moralischen, andersartigen Idealichs. Es gibt Menschen, die nur ein schwaches moralisches Idealich aufrichten, weil die Bedrohung der sogenannten moralischen Tendenzen (z. B. durch Aggressionsneigungen) nur geringe Bedeutung für ihren Gesamtaufbau besitzen. Sie handeln schlecht und recht wie Durchschnittsmenschen, ohne sich moralisch besonders anzustrengen; sie können in moralischer Beziehung die Übersteigerung anderer Typen entbehren. Dafür haben sie nicht selten ein übersteigertes *Leistungs-Idealich*. Wodurch kommt nun dieses zustande? Ihm liegt zweifellos das Bedürfnis zugrunde, sich zu betätigen, etwas voranzubringen, Neues zu schaffen, dazu unter Umständen auch die schwierigsten Hindernisse zu überwinden; ein Tendenzkomplex, der sich in erster Linie aus Tätigkeitsbedürfnis, Schaffensdrang, Durchsetzungswille und (sublimierter) Überwältigungslust (gegen Sachliches, nicht gegen Menschen gerichtet) zusammensetzt. Daneben spielt *Ehrgeiz*, das Bedürfnis nach Icherhöhung und schrankenlosem Überragen aller anderen eine hervorragende Rolle, ferner noch die Sucht nach Anerkennung (Geltungssucht) durch die Mitmenschen. Dieser Tendenzkomplex als wesentliche Grundhaltung der Persönlichkeit schafft den Gehalt des Leistungs-Idealichs. Die Selbstachtung hat keine Schwierigkeiten, wenn die Erfüllung der vorherrschenden Tendenzen gut gelingt. Ein Konflikt aber und damit ein übersteigertes Leistungsideal ergibt sich dann, wenn die Erfüllung auf irgendwelche (meist innere) Hemmungen stößt. Sie könnten z. B. begründet sein durch irgendwelche Defekte des Vollbringens, die abgesehen von Mängeln der Begabung in bestimmten hemmenden Tendenzen bestehen können, wie z. B. mangelnde Vitalkraft (Ruhebedürfnis), Lebenssicherung (Zaghaftigkeit, Mangel an Mut). Diese bilden den antinomischen Pol zu dem ersten Tendenzkomplex und können die Selbstachtung reizen, d. h. es kommt zu Minderwertigkeitsgefühlen, falls sich unbefriedigte selbstherabsetzende Tendenzen mobilisieren lassen (diese schießen hier genau wie bei dem Fall des moralischen Idealichs sehr leicht über das Ziel hinaus). Sind sie nicht vorhanden, so können Selbsttäuschungen über die eigenen Defekte nicht ausbleiben (innere Sicherheit, Selbstzufriedenheit, Selbstüberheblichkeit). Innere Unsicherheit bedarf zu ihrem Zustandekommen selbstherabsetzender Tendenzen. Sie ist jedoch bei lebhaftem Bedürfnis nach Selbstachtung, also bei einem hohen Idealich, auf die Dauer unerträglich. So drängt denn diese Konfliktssituation nach einem Ausgleich der entweder in Selbstdisziplin und Selbstgestaltung gefunden wird oder aber bei relativ schwacher Ausprägung dieser Tendenzen und geringer Ichverneinung über eine aggressive Herabsetzung der anderen zur Selbsterhöhung führen kann.

Halten wir fest, daß das *Idealich* stets der *herrschenden Grundrichtung* einer Persönlichkeit folgt. Damit hängt es zusammen, daß der eine sich ein moralisches, der andere etwa ein Leistungs-Idealich aufbaut. Ein übersteigertes, verkrampftes Idealich kommt dann zustande, wenn bestimmte Triebkonflikte zugrunde liegen, die das betreffende Individuum veranlassen, sich immer wieder mit einer inneren Gewaltsamkeit am Idealich aufzurichten.

Wir wollen es bei diesen Beispielen bewenden lassen. Wichtig ist für uns, daß wir uns über die Tatsache einer *Ordnung* der *Tendenzen* im klaren sind. Wenn wir auch keineswegs heute schon einen entfernten Begriff von der Hierarchie der Triebe haben können, so ist doch selbstverständlich, daß die Triebe ihrer Qualität nach verschiedenen Schichten oder Ebenen angehören. Kompliziert wird die Situation dadurch, daß gewisse Tendenzen, wie z. B. der Narzismus, die Überwältigungslust sich in tieferen und höheren geistigen Schichten betätigen können.

Erleichternd für die ganze Tendenzlehre wäre es, wenn wir schon bestimmte sprachliche Formeln für den Aufbau von Teilstrukturen zur Hand hätten, wenn wir außerdem die oft verwirrenden Tatbestände auf schematischem Wege besser veranschaulichen könnten. Beides will heute noch nicht gelingen.

Auf dem von uns angedeuteten Wege der *Analyse* von Einzelelementen und der *Synthese* ihrer in sich verschlungenen Beziehungen wird die Erforschung des Persönlichkeitsaufbaus allmählich zu brauchbaren Ergebnissen gelangen können.

Zum Schluß noch ein Wort über die *somatische Fundierung* der *Aufbauelemente*, wobei wir uns wiederum auf die Triebe und Tendenzen beschränken wollen. Wir haben ja die Auffassung vertreten, daß diese in ihrer Richtung, Qualität und Intensität durch die Keimanlage bestimmt sind, und damit auch die Grundformel der Persönlichkeit festgelegt ist. Wir wissen, daß sie im Soma verankert liegen. Änderungen der körperlichen Beschaffenheit werden sich daher vielfach auch im Psychischen deutlich bemerkbar machen. Wir wollen kurz einige bestimmte Fälle durchgehen. Der akute Rausch beruht auf einer chemischen Vergiftung des Körpers, insbesondere auch des Gehirns, die in einer bestimmten vorübergehenden Verschiebung der Persönlichkeitsstruktur zum Ausdruck kommt. Niemals wird durch den Rausch etwas ans Licht gebracht, was nicht auch irgendwie anlagemäßig gegeben ist; immerhin kann die Struktur der berauschten Persönlichkeit in mehr oder weniger schroffem Kontrast stehen zum normalen Charakter. Die Wirkungen der akuten Alkoholvergiftung liegen vor allem in der Euphorisierung und Enthemmung; durch beide können vielfach Strebungen an die Oberfläche kommen, die vielleicht für gewöhnlich ein sehr verdecktes Dasein führen, wie es z. B. bei selbstunsicheren, bescheidenen Menschen der Fall sein kann, die im Rausch ein Bild gesteigerter Selbstgefühle bieten. Die Wirkung des Alkohols geht zunächst auf das Soma, beeinflußt mit ihm zugleich die Psyche, wenn auch sichtbar erst nach Genuß einer gewissen Dosis des Giftes.

Als zweites Beispiel erwähne ich die psychischen Veränderungen, die als Begleiterscheinungen der Menstruation bei Frauen sehr häufig sind. HAUPTMANN[1]) hat sich vor

---

[1]) A. HAUPTMANN: Menstruation und Psyche. Versuch einer

einigen Jahren mit diesem Problem eingehend beschäftigt. Es handelt sich auch hier um zum Teil schroffe Verschiebungen der Persönlichkeitsstruktur, in der Regel im Sinne einer bestimmten Komplexbereitschaft (empfindlich, mißgestimmt, reizbar, insuffizient, paranoid). Der somatische Vorgang der Menstruation findet in ihnen seinen psychischen Ausdruck, hat aber im Gesamtgeschehen die Führung.

Ganz ähnlich verhält es sich bei manchen Depressionen. In einem von O. KANT[1]) veröffentlichten Falle erkennt man, wie das Nachlassen des psychischen Turgors im Gefolge des männlichen Klimakteriums zu einer Umwandlung der Persönlichkeit führt, die dann die depressive Erkrankung anbahnt. In der nunmehr verschobenen Struktur stehen andere Tendenzen, andere Teilstrukturen im Vordergrund als früher. So kann es dazu kommen, daß z. B. bisher als durchaus berechtigt (vom Ich) anerkannte Persönlichkeitsstrebungen, wie z. B. Durchsetzungswille, Machttrieb, Aggressionsgelüste nunmehr in der veränderten Persönlichkeitsstruktur ihre Verurteilung erfahren (Selbstvorwürfe).

Jede psychische Veränderung, mag sie noch im Bereich des Normalen liegen oder schon in das Gebiet der psychotischen Störungen fallen, stellt eine Strukturänderung der Gesamtpersönlichkeit dar [s. STORCH[2])]. Es handelt sich entweder um Entstehen neuer oder doch um ein Anwachsen bzw. um Abschwächung oder Wegfall schon vorhandener psychischer Elemente, durch welche die verschiedensten

---

„verständlichen“ Inbeziehungsetzung somatischer und psychischer Erscheinungsreihen. Arch. f. Psychiatr. Bd. 71, S. 1. 1924.

[1]) O. KANT: Zur Strukturanalyse der klimakterischen Psychosen. Z. Neur. Bd. 104, S. 174. 1926.

[2]) A. STORCH: Wandlungen der wissenschaftlichen Denkformen und „neue“ Psychiatrie. Z. Neur. Bd. 107, S. 684. 1927.

Umwandlungen zustande kommen. All diese Vorgänge lassen sich in jedem Falle (selbst bei organischen Erkrankungen, wie z. B. der Paralyse) rein von der psychischen Seite her beobachten und untersuchen. Wir haben sogar als Forscher die Pflicht, jedes psychische Geschehen (auf welche ursächlichen Momente wir es auch zurückführen mögen, ob es sich um Destruktionserscheinungen handelt oder nicht) genau zu studieren. Aus diesem Grunde sind z. B. auch die Bemühungen SCHILDERS, der Psychologie der Paralyse näherzukommen, keineswegs illusorisch. Gleichzeitig aber sollten wir uns bemühen (ganz besonders da, wo es heute noch nicht gelingt), auch der somatischen Seite des Problems näherzutreten. Dabei wird sich dann die Frage erheben, welcher Seite in dem psychophysischen Gesamtgeschehen, der psychischen oder der somatischen (oder beiden gleichermaßen), jeweils die Hauptleitung zukommt. Wir kennen psychophysische Krankheitserscheinungen, wie z. B. die Paralyse, bei denen der somatische Prozeß (Destruktion des Gehirns durch Spirochäten) die Führung hat. Andererseits können wir z. B. bei einer hysterischen Lähmung sagen, daß hier das Psychische Führer des psychophysischen Krankheitssymptoms ist. In beiden Fällen liegt aber wieder eine bestimmte psychophysische Gesamtpersönlichkeit zugrunde, die für das Zustandekommen der Krankheitserscheinungen unbedingt wesentlich ist. Therapeutisch führt diese Unterscheidung zu der Konsequenz, daß die Krankheitserscheinungen entweder somatisch oder psychisch angegriffen werden müssen, je nachdem ob im Gesamtgeschehen das Somatische oder das Psychische führend ist. Mit der Unterscheidung: exogen-endogen haben diese Ausführungen nichts zu tun. Die leitenden ursächlichen Momente eines Krankheitsgeschehens, ob psychisch oder physisch, können sowohl endogenen als exogenen Ursprungs sein.

Auf die *Charakterologie* angewandt entnehmen wir daraus, daß wir nicht nur die psychische Seite der Persönlichkeit beachten sollten; vielmehr hat auch das Soma für die Charakterentwicklung seine Bedeutung, wir können es nur noch nicht in befriedigendem Maße fassen. Das beste Beispiel hierfür ist die Pubertät, über deren somatische Seite wir wenigstens im Groben orientiert sind. Alles Charakterologische wurzelt im Somatischen. Wir haben aber Charakterentwicklungen zu unterscheiden, in denen das Psychische die Leitung hat und andererseits solche, für die das Somatische von führender Bedeutung ist; denken wir nur an die psychischen Veränderungen (etwa Reizbarkeit und Verrohung) infolge von chronischem Alkoholismus. Diese Erkenntnis sollte die Persönlichkeitsforschung stets im Auge behalten und ihr da, wo sie kann, auch heute schon Rechnung tragen. Letzten Endes kann auch die Persönlichkeitsforschung sich nur biologisch, d. h. psychophysisch, orientieren.

Buchdruckerei Otto Regel G. m. b. H., Leipzig.

Verlag von Julius Springer in Berlin W 9

Einführung in die Vererbungswissenschaft. Ein Lehrbuch in 21 Vorlesungen. Von Professor Dr. Richard Goldschmidt, 2. Direktor des Kaiser-Wilhelm-Instituts für Biologie in Berlin-Dahlem. Fünfte, vermehrte und verbesserte Auflage. Mit 177 Abbildungen. IX, 568 Seiten. 1928.   RM 30.—; gebunden RM 32.40

Physiologische Theorie der Vererbung. Von Professor Dr. Richard Goldschmidt, 2. Direktor des Kaiser-Wilhelm-Instituts für Biologie in Berlin-Dahlem. Mit 59 Abbildungen. VI, 247 Seiten. 1927.   RM 15.—; gebunden RM 16.50

Körperbau und Charakter. Untersuchungen zum Konstitutionsproblem und zur Lehre von den Temperamenten. Von Dr. Ernst Kretschmer, a. o. Professor für Psychiatrie und Neurologie in Tübingen. Fünfte und sechste unveränderte Auflage. Mit 41 Abbildungen. VI, 214 Seiten. 1926.   Gebunden RM 12.—

Rasse und Körperbau. Von Dr. Franz Weidenreich, Professor an der Universität Heidelberg. Mit 201 Abbildungen. XI, 187 Seiten. 1927.   RM 12,60; gebunden RM 14.40

Temperament und Charakter. Von Privatdozent Dr. G. Ewald, a. o. Professor der Psychiatrie an der Universität Erlangen. („Monographien aus dem Gesamtgebiete der Neurologie und Psychiatrie", Band 41.) Mit 2 Abbildungen. IV, 156 Seiten. 1924.
RM 9.—*

Charakter und Nervosität. Vorlesungen über Wesen des Charakters und der Nervosität und über die Verhütung der Nervosität, gehalten im 1. Semester des Jahres 1910/11 an der Medizinischen Fakultät in Budapest. Von Privatdozent Dr. Jenö Kollarits, Adjunkt der II. Medizinischen Universitäts-Klinik, Budapest. Mit 3 Textfiguren. IX, 244 Seiten. 1912.   RM 7.—

Seele und Leben. Grundsätzliches zur Psychologie der Schizophrenie und Paraphrenie, zur Psychoanalyse und zur Psychologie überhaupt. Von Dr. med. et phil. Paul Schilder, Privatdozent der Universität Wien, Assistent der Psychiatrischen Klinik. („Monographien aus dem Gesamtgebiete der Neurologie und Psychiatrie", Band 35.) Mit 1 Abbildung. IV, 200 Seiten. 1923.   RM 9.70*

Seele und Seelenkrankheit. Eine Einführung in die Grundbegriffe von Dr. med. Hans Wildermuth, Assistenzarzt an der Württembergischen Heilanstalt Weinsberg. IV, 58 Seiten. 1926.
RM 2.70

** Die Bezieher der „Zeitschrift für die gesamte Neurologie und Psychiatrie" und des „Zentralblattes für die gesamte Neurologie und Psychiatrie" erhalten die Monographien mit einem Nachlaß von 10 %.*

Die Veranlagung zu seelischen Störungen. Von Dr. Ferdinand Kehrer, a. o. Professor für Psychiatrie und Neurologie in Breslau, und Dr. Ernst Kretschmer, a. o. Professor für Psychiatrie und Neurologie in Tübingen. („Monographien aus dem Gesamtgebiete der Neurologie und Psychiatrie", Band 40.) Mit 5 Textabbildungen und 1 Tafel. IV, 206 Seiten. 1924. RM 12.—*

Erblichkeit und Nervenleiden. Von Dr. F. Kehrer, o. ö. Professor, Direktor der Psychiatrischen und Nervenklinik Münster i. W. I. Ursachen und Erblichkeitskreis von Chorea, Myoklonie und Athetose. („Monographien aus dem Gesamtgebiete der Neurologie und Psychiatrie", Band 50.) Mit 6 Abbildungen und 54 Stammbäumen. IV, 136 Seiten. 1928. RM 18.—*

Grundzüge einer Physiologie und Klinik der psychophysischen Persönlichkeit. Ein Beitrag zur funktionellen Diagnostik von Dr. med. Walther Jaensch, Assistent an der Medizinischen Universitätsklinik in Frankfurt a. M. Mit 27 Textabbildungen. X, 484 Seiten. 1926. RM 33.—

Medizinische Psychologie für Ärzte und Psychologen. Von Dr. med. et phil. Paul Schilder, Privatdozent an der Universität Wien, Assistent der Psychiatrischen Klinik. Mit 9 Textabbildungen. XIX, 355 Seiten. 1924. RM 12.—; gebunden RM 13.20

Psychotherapie. Charakterlehre, Psychoanalyse, Hypnose, Psychagogik. Von Dr. med. et phil. Arthur Kronfeld in Berlin. Zweite, verbesserte und vermehrte Auflage. XIV, 309 Seiten. 1925.
RM 12.—; gebunden RM 13.20

Psychotherapie. Ein Lehrbuch für Studierende und Ärzte. Von Dr. Max Isserlin, Professor an der Universität in München. IV, 206 Seiten. 1926. RM 9.—; gebunden RM 10.50

Psychogenese und Psychotherapie körperlicher Symptome. Von R. Allers-Wien, J. Bauer-Wien, L. Braun-Wien, R. Heyer-München, Th. Hoepfner-Cassel, A. Mayer-Tübingen, C. Pototzky-Berlin, P. Schilder-Wien, O. Schwarz-Wien, J. Strandberg-Stockholm. Herausgegeben von Oswald Schwarz, Privatdozent an der Universität Wien. Mit 10 Abbildungen im Text. XVIII, 481 Seiten. 1925.
RM 27.—; gebunden RM 28.50
Verlag von Julius Springer in Wien.

* *Die Bezieher der „Zeitschrift für die gesamte Neurologie und Psychiatrie" und des „Zentralblattes für die gesamte Neurologie und Psychiatrie" erhalten die Monographien mit einem Nachlaß von 10%.*